光の正体をさぐる

写真 3-1
白っぽい色をした昼間の太陽
（→123 ページ）

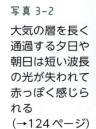

写真 3-2
大気の層を長く通過する夕日や朝日は短い波長の光が失われて赤っぽく感じられる
（→124 ページ）

写真 3-5
太陽風によって励起された電子が基底状態に戻るときオーロラの光を出す
（→143 ページ）

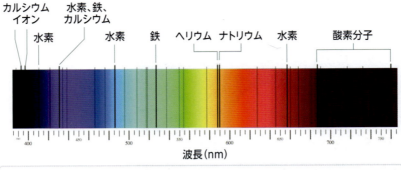

図 3-18　太陽光のスペクトル中に見られるフラウンホーファー線（→153 ページ）

写真 4-1
波長の短い青色や藍色の光だけ散乱して湖面に戻ってくる摩周湖
（→219 ページ）

写真 4-2
青い光だけが乱反射して青く見える氷河
（→219 ページ）

井上伸雄 著
Nobuo Inoue

「電波と光」のことが一冊でまるごとわかる

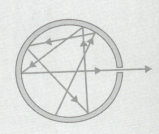

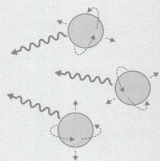

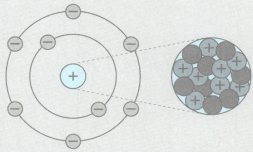

はじめに

　「電波」と「光」と聞くと、一見まったく関係がないと思われがちですが、実は「電磁波」と呼ばれる同じ仲間です。違いは波長だけです。この電磁波には、電波や光のほかにも赤外線や紫外線、レントゲン写真で知られているX線、恐ろしい放射線の1つであるガンマ線が含まれています。電波や光（可視光）は電磁波のごく一部でしかありません。

　本書では、これら電磁波のそれぞれの性質や発生原理、さらにはこれらがどのように応用され利用されているかについて、わかりやすく説明しています。

　電波も光も電磁波という名前からわかるように「波」です。ですから両者とも波としての振る舞いを示してくれます。ところが20世紀になると、光は「粒子」ではないかという理論が発表されました。今日では、光は「波」であると同時に「粒子」でもあるという2重人格をもっていることが明らかにされています。このあたりは一般の人にはきわめてわかりにくいことです。

　高校の物理の教科書を開くと、電波や光が波であること、光が波と粒子の両方の性質をもっていること、光以外にも電子線のように本来は粒子であるはずの電子が波としての性質ももっていること、などが簡潔に記述されていますが、教科書を読むだけではなかなか理解できないところです。これを理解させるためには、高校の先生がいかに面白く、わかりやすく説明するかにかかっているといっても過言ではありません。説明の仕方が悪いと、物理

は難しくてわからない、面白くない、といって学生たちは物理を敬遠するようになり、これが理科離れにもつながってしまいます。

　本書は高校の物理の教科書に書かれているレベルの話をできるだけやさしく、わかりやすく説明することを狙いとしています。高校生に限らず、一般の方々でも、日ごろから疑問に思っていながら難しいといって敬遠していた電磁波全般に関する事柄も、この本を読めばある程度わかったと思っていただけるような内容になっています。

　電波は携帯電話やテレビ放送などで、私たちの身近に感じられるものですが、どうしてこのような周波数の電波を使っているのかは意外に知られていません。このことについても詳しく解説しています。

　光も考えてみるといろいろ知らないことが多いものです。これらについても、「あぁ、なるほど、そういうことか」と思っていただけるように詳しく説明しています。

　最近は天文学の分野でもさまざまなビッグニュースが飛び込んできています。これらも目で見える光だけでなく、広く電波やX線などを使った新しい天文学の成果です。本書ではこれらについてもかなりの紙面を割いて紹介しています。

　本書を通して、難しくてわかりにくいと敬遠されてきた電磁波全般について理解していただき、興味をもっていただければ幸いです。

　2018年5月

　　　　　　　　　　　　　　　　　　　　　　　　井上伸雄

CONTENTS

はじめに 3

第1章 私たちの生活に欠かせない電波

1-1	電波の発見 10
	—— ヘルツの実験とマクスウェルの予言
1-2	電波の周波数 13
	—— 1秒間に波の山がいくつあるか
1-3	複雑な波もサイン波の集まり 19
	—— 電波の振る舞いがわかる
1-4	電波のいろいろな伝わり方 22
	—— 直進、回折、反射、屈折
1-5	電波の干渉 30
	—— 同位相で強くなり逆位相で弱くなる
1-6	電波を周波数で分類する 35
	—— 通信・放送・レーダーと使い分け
1-7	上空には電波を反射する電離層がある 39
	—— アマチュア無線家の功績
1-8	周波数の帯域幅とは 44
	—— 広帯域ほど品質がよくなる
1-9	放送が使う電波 47
	—— NHK東京FM82.5MHzの意味
1-10	携帯電話が使う電波 52
	—— プラチナバンドをめぐる争奪戦
1-11	レーダーが使う電波 57
	—— 精緻きわめる気象レーダー
1-12	電波を放射し、電波を取り込むアンテナ 62
	—— 波長の半分の長さが効率的
1-13	電波の方向を自由に変えられる「フェーズドアレイアンテナ」... 68
	—— イージス艦や5G携帯に
1-14	電波を使って電力を送る「マイクロ波送電」........ 71
	—— 洋上風力発電や宇宙太陽光発電に

第2章 電磁波の正体

- **2-1** 電界と磁界 76
  — 広がる電気力線、閉じる磁力線
- **2-2** 電気と磁気の関係 81
  — 電気が磁気を、磁気が電気をつくる
- **2-3** マクスウェルの予言 88
  — 光も真空中を走る電磁波の一種だ
- **2-4** 電磁波は電気と磁気が絡まってできた波 92
  — 360度の方向に広がって進む
- **2-5** 電磁波の偏波とは 94
  — 携帯電話は垂直偏波、テレビは水平偏波
- **2-6** 電子がゆれ動くと電磁波が発生する 99
  — 温度が上がっても電磁波は発生する
- **2-7** 電磁波は電子をゆり動かす 102
  — 電波が水を温めるしくみ
- **2-8** 電磁波が人体に与える影響 106
  — 心臓ペースメーカーへの影響は

  ぶつりの窓 フレミングの法則 109

第3章 電波も光も同じ仲間

- **3-1** 光も電磁波である 112
  — 赤外線、可視光線からX線、ガンマ線まで
- **3-2** 物体の温度を上げていくと電磁波を発生する 115
  — 黒体放射のスペクトル
- **3-3** 太陽や恒星が出す電磁波 120
  — スペクトルで星の温度を測る
- **3-4** 真赤な太陽 123
  — 夕日はなぜ赤い?
- **3-5** X線は波長の短い電磁波 126
  — どうやって発生させるのか?
- **3-6** 人体に危険なガンマ線 129
  — 減菌や消毒への利用も

3-7	電波で星を観測する電波天文学	132
	—— サブミリ波までの電波を観測	
3-8	電波で宇宙の何がわかるか？	137
	—— ブラックホールと宇宙背景放射	
3-9	光の窓、電波の窓	140
	—— 大気圏外では宇宙からのX線をとらえることも	
3-10	オーロラの光と色	143
	—— オーロラもネオンサインも同じ原理	
3-11	いろいろな物質が出す光のスペクトル	149
	—— 励起状態の原子が元に戻るときに	
3-12	スペクトルで宇宙の物質を調べる	153
	—— その天体の速度、宇宙の膨張まで	
3-13	「第2の地球」を探そう	156
	—— 吸収スペクトルから大気を分析する	
	ぶつりの窓　原子の構造	159

第4章 光のさまざまな性質

4-1	光は波の性質をもっている	164
	—— ヤングの光の干渉実験	
4-2	光の回折格子	168
	—— 波長を測ることができる	
4-3	結晶を使った光の回折	171
	—— ブラッグの法則で結晶構造がわかる	
4-4	光は波か粒子か	176
	—— アインシュタインの光量子仮説	
4-5	電子の波	180
	—— 波であり粒子であるという二重性モデル	
4-6	光学顕微鏡と電子顕微鏡	183
	—— 波長を短くするほど分解能が上がる	
4-7	光に圧力はあるか？	186
	—— 太陽光の圧力で探査機を推進	
4-8	光の速度は秒速30万km	190
	—— レーマーの観測とフィゾーの実験	

4-9	光の速度は一定で不変である	193
	── マイケルソンとモーリーの実験	
4-10	光はなぜ屈折するのか	199
	── 物質により波長により光は屈折する	
4-11	光の全反射	205
	── ダイアモンドの輝きは屈折率にあり	
4-12	光ファイバーケーブルで光を送る	211
	── 20km進んでも光量が半分	
4-13	空や海はなぜ青いか	216
	── 波長の短い青は空気分子で散乱し、海中では進む	
4-14	人間の目に有害な光：紫外線とブルーライト	220
	── 波長の短い光にご用心	

第5章 これからはフォトニクスの時代

5-1	フォトニクスとは	224
	── エレクトロニクスに加わるフォトン制御技術	
5-2	レーザーが出す光	226
	── 光通信に使われるコヒーレント光	
5-3	半導体レーザー	229
	── 1秒間数百億回の光パルス	
5-4	21世紀の照明はLED	234
	── 青色LED発明で広がった用途	
5-5	CD、DVD、BD	238
	── 青色レーザーがDVDの5倍の記録密度を可能にした	
5-6	光を使った通信	242
	── ますます進む大容量・超高速化	
5-7	光を使う「量子コンピュータ」	246
	── 「量子重ね合わせ状態」とは？	
	ぶつりの窓　アインシュタインが存在を予言した「重力波」	251

さくいん ……………………………………………………………………… 254

第1章
私たちの生活に欠かせない電波

1-1 電波の発見

―― ヘルツの実験とマクスウェルの予言

　私たちのまわりにはさまざまな電波が飛び交っています。その電波を本格的に利用するようになったのは 20 世紀になってからですが、電波そのものは人類が誕生する以前から自然界には存在していました。雷が鳴って稲妻が走ると、放電した電気の流れから空中に電波が放出されます。宇宙からもさまざまな電波が地球に降り注いでいます。

　しかし電波は目には見えないし、手で触ることもできません。そのような電波の存在を、実験で確認したのは、ドイツの物理学者**ヘルツ**で、1888 年のことです。

　ヘルツはあるとき、図 1-1 に示すようなしくみで実験を行なっていました。図の左側にある 2 本の金属棒に高い電圧を加えると、狭いギャップの間に火花放電が起こります。すると近くに置いてあった金属ループの狭いギャップに小さな火花が発生することを発見しました。火花放電を止めると金属ループの火花も消えます。2 本の金属棒とループを直接つなぐものは何もないので、金属棒のギャップの火花から出た何かが空中を伝わってループに火花を発生させたと考えざるを得ません。その何かが電波だったのです。

　現在では火花放電から電波が出ることはよく知られています。

例えば、雷が鳴るとラジオ（とくに AM ラジオ）にガリガリと雑音が入ります。アナログテレビ放送の時代には画面に白・黒の斑点が入ったことを覚えている方もいると思います。自動車でラジオを聞いているときに隣をバイクが走ると、エンジンの火花放電から電波が出てラジオにノイズが入ることを経験した人も多いと思います。ヘルツの実験はこの火花放電から発生した電波をはじめて実験で確認したことになります。

　ヘルツの実験装置では、左側の2本の金属棒が電波の放射器、右側の金属ループが共振器です。ヘルツは拡大鏡で金属ループのギャップに生じるかすかな火花を観察しながら、放射器に対して受信側の共振器の向きを変えたり距離を変えたりして、どのような条件で火花が発生するかを丹念に調べました。その結果、放射器と共振器の間の距離を変えていくと、一定の距離間隔で金属ループに火花が誘導されることから、放射器から発生しているも

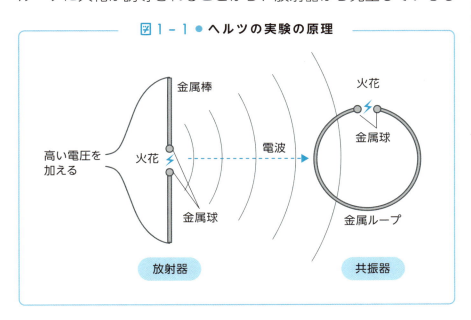

図 1-1 ● ヘルツの実験の原理

のは波のようになっていると考えました。

　ヘルツが電波の存在を発見する以前に、第2章で述べるように、イギリスの物理学者**マクスウェル**が電気と磁気が絡まってできている電磁波の存在を理論的に予言していました。**このことを知っていたヘルツは、自分が発見した電波はマクスウェルが理論的に予言した電磁波であると確信しました。私たちが電波と呼んでいる波は電磁波の一種です。**

　そのヘルツも、自分が発見した電波の実用的な価値を理解していませんでした。電波を発見したことを発表したとき、「それが今後何の役に立つのか」と問われて、「たぶん、何もない。単にマクスウェルが正しかったことを証明しただけの実験だ」と答えています。もしヘルツが、今日のようにありとあらゆるところで電波が利用されていることを知ったら、きっと目を回すほど驚くことでしょう。

　ヘルツは電波を発見した6年後の1894年にわずか37歳という若さで亡くなりましたが、彼の名は周波数の単位「**ヘルツ(Hz)**」（16ページ参照）として残されています。

1-2 電波の周波数

——1秒間に波の山がいくつあるか

　電波はその名が示す通り、電気の波です。英語は "radio wave" で、やはり「波（wave）」という言葉が使われています。その電波は正確には**電磁波**と呼ばれる波の一種で、電気と磁気が絡まってできた波ですが、ここでは単に波としての基本となる要素を考えることにしましょう。

　波にはいろいろな形がありますが、もっとも基本的な波は図1-2に示すような形をしています。山と谷が交互に現われる滑らかな波です。これは「サイン波（正弦波）」または「コサイン波（余弦波）」と呼ばれる波です。皆さんも高校時代に、数学で3角関数のサイン（sin）、コサイン（cos）を習ったことがあるでしょう。あのサイン（またはコサイン）をグラフにすると図1-2の形になります。「サイン波」、「コサイン波」のどちらも使われますが、本書では「サイン波」に統一して使うことにします。

　海の波を見てもわかるように、波は1カ所にじっと止まっていることはなく常に動いています。図1-3（a）はこの様子を示したもので、波は一定の速度で左から右の方向へ進んでいます。このとき、A－A'の地点に棒を立てておくと、波が進むにつれて棒にかかる水面の高さが時間とともに変化します。もっとも水面

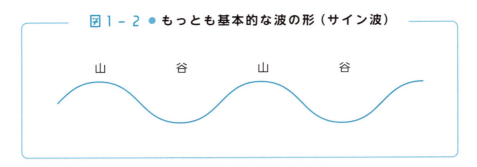

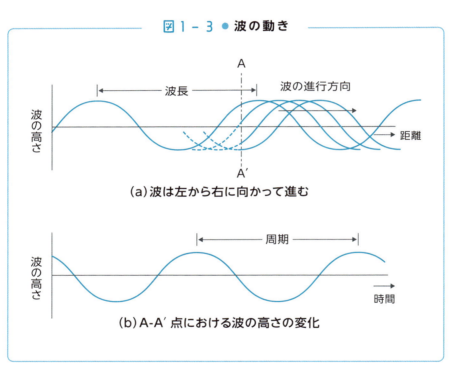

が高くなるのは波の山が通過する時で、もっとも低くなるのは波の谷が通過するときです。この水面の高さが時間の経過とともにどのように変化するかをグラフにすると、図の（b）のようになってやはりサイン波の形になります。ここまでは海の波の例で説明しましたが、電波でもまったく同じです。

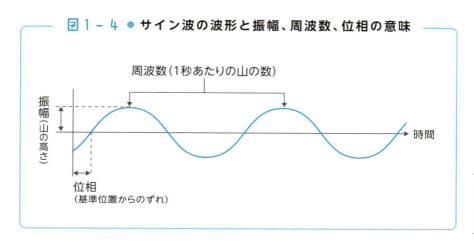

図1-4 ● サイン波の波形と振幅、周波数、位相の意味

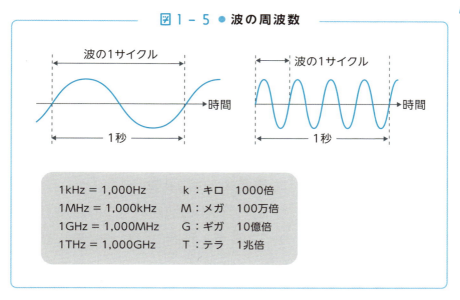

図1-5 ● 波の周波数

　図1-3において、(a)に示したサイン波の山と山の間の距離(長さ)を「波長」、(b)に示したサイン波の山と山の間隔(時間)を「周期」といいます。図の(a)も(b)も同じようなサイン波ですが、横軸が(a)では距離、(b)では時間になっていることに注意してください。電波の波もサイン波で表わすのがふつうですが、横

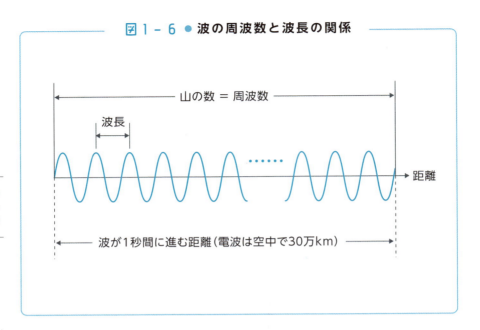

軸が何を表わしているのかを注意して見る必要があります。

　1つのサイン波を決めるには、図1-4に示すように「**周波数**」「**振幅**」「**位相**」という3つの要素が必要です。このうち、電波の特徴を表わす上でもっとも重要なのは周波数です。

　「周波数」は1秒間にサイン波の山の数がいくつあるか、もっと正確にいうと波の1サイクルが1秒間に何サイクルあるかを表わす尺度で、単位は「**Hz（ヘルツ）**」です。図1-5の左側の波は、1秒間に1サイクルなので周波数は1Hzです。右側の波は1秒間に4サイクルあるので周波数は4Hzです。この周波数は何千、何万、何百万、何億、……と桁数が大きくなることが多いので、図の下に示したように数を3桁ずつ区切り、kHz（キロヘルツ）、MHz（メガヘルツ）、GHz（ギガヘルツ）、THz（テラヘルツ）のような単位で表わすのが一般的です。

周波数とともによく使われる尺度に「**波長**」があります。電波は空中では1秒間に30万kmの距離を進むので、この距離の中に周波数に等しい数の波の山があります。この波の山と山の間隔（距離）が図1-3（a）にも示した「波長」です（図1-6）。このように波長と周波数とはお互いに逆比例の関係にあり、[**波長＝電波の伝搬速度（30万km／秒）÷周波数**]として計算できます。したがって周波数が高い波ほど波長が短くなります。

　次に「振幅」は山の高さを表わします。電波の場合は振幅は電圧と考えればいいでしょう。振幅が大きいほど強い電波ということになります。

　3番目の「位相」は波の基準位置からのずれを表わす尺度です。電波の場合は時間のずれが位相になりますが、位相の値は波の1サイクルを360度として何度ずれているかで表わします。この位相はなかなかわかりにくいので、図1-7で説明しましょう。

　位相は主に周波数が同じ2つ（以上）の波の違いを表わすのに使います。図1-7（a）では、波1、波2、波3の3つのサイン波の山、谷、波が横軸を区切る点、の時間位置がすべて同じです。したがってこの3つの波は「位相がそろっている」「同じ位相」ということができます。つぎに図（b）では、3つのサイン波が横軸を区切る位置を比べると、波1を基準（位相が0度）にして、波2は位相が120度、波3は位相が240度ずれていることがわかります。つまりこの3つの波は周波数も振幅も同じですが、位相が120度ずつずれた波です。

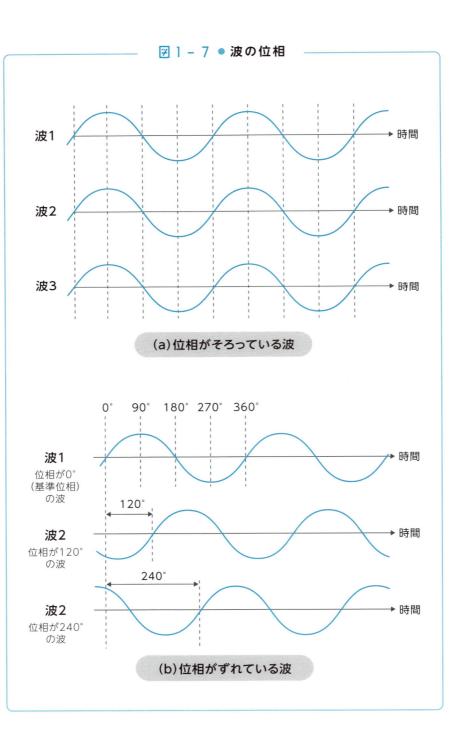

1-3 複雑な波もサイン波の集まり
—— 電波の振る舞いがわかる

　ここまでは1つのサイン波について説明してきましたが、実際に使われている電波はこのようなきれいな波ではなく、もっと尖った波、四角い波、崩れた波などさまざまな形をしています。これは電波に限らず、銅線のような導体の中を流れる電気の信号でもまったく同じです。しかしどんな複雑な形の波でも、フーリエ級数という数学を使って波形を分解すると、多数のサイン波の集まりでできていることがわかります。

　図1-8はその一例を示したものです。

　図の（a）は丸みを帯びたサイン波とは正反対の四角い形をした「**方形波**」の波形です。方形波はコンピュータやデジタル通信で使われるデジタル信号を表わす波としてよく使われています。次に図の（b）に示すように、方形波の周期と同じ周期をもつサイン波を基本波①とし、周波数が基本波の3倍で振幅が1/3のサイン波②、周波数が5倍で振幅が1/5のサイン波③、周波数が7倍で振幅が1/7のサイン波④、の4つの波を用意して加え合わせると、図の（c）に実線で示したような波形が得られます。この状態ではまだ完全な方形波とはいえませんが、単独のサイン波よりはかなり方形波に近い形になっています。波の数をもっと

図1-8 ● 複雑な形の波も多数のサイン波を合成してつくる

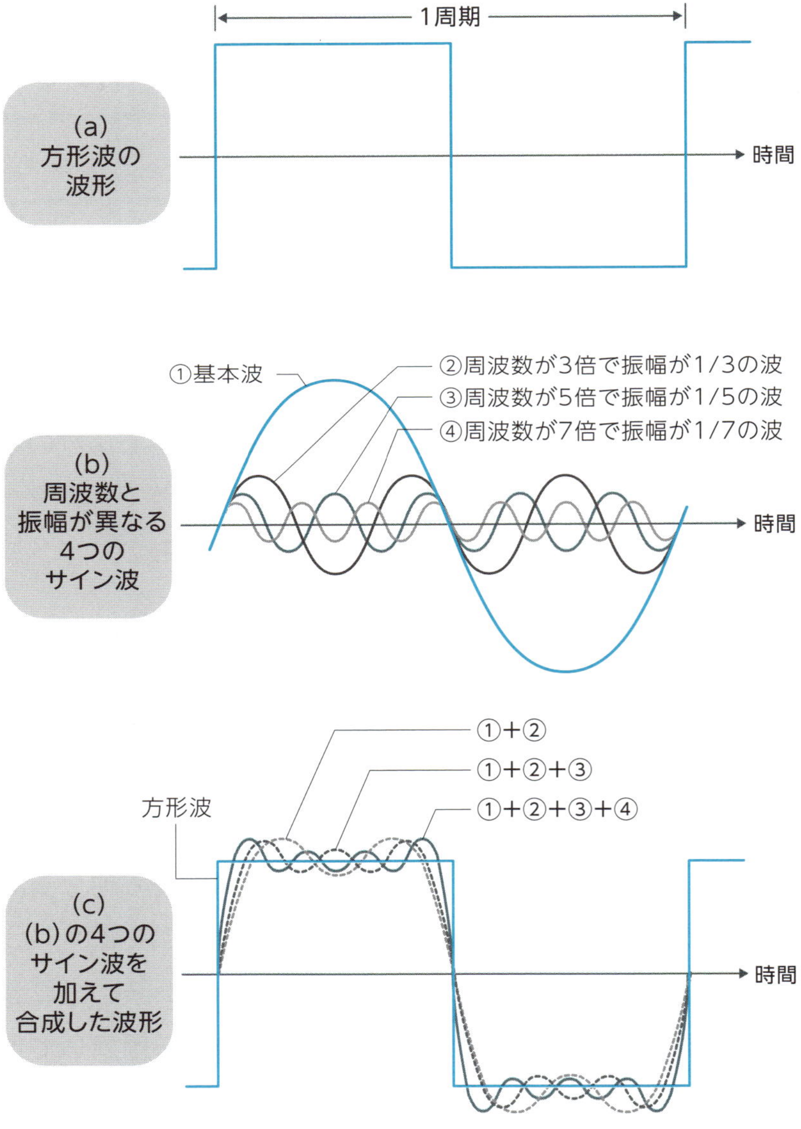

(a) 方形波の波形

1周期

時間

(b) 周波数と振幅が異なる4つのサイン波

① 基本波
② 周波数が3倍で振幅が1/3の波
③ 周波数が5倍で振幅が1/5の波
④ 周波数が7倍で振幅が1/7の波

時間

(c) (b)の4つのサイン波を加えて合成した波形

方形波
①+②
①+②+③
①+②+③+④

時間

1-3 複雑な波もサイン波の集まり

高い周波数まで増やしていくと、合成した波形は次第に方形波に近づきます。このように、丸みを帯びたサイン波とは似ても似つかぬ四角い形の方形波も、多数のサイン波を集めて合成すればつくることができます。

　音声や画像なども電気信号にすると複雑な形をした波形になりますが、これらも多数のサイン波が集まってできた波です。鋭くとがった形をした波ほど、細かく変化する波ほど、周波数の高いサイン波を含んでいます。**どれくらいの周波数（何Hzから何Hzまで）のサイン波を含んでいるかを表わすのを「周波数帯域幅」といいます**が、これについては44ページで詳しく説明します。

　いろいろな信号を電波にして送ったときの波も同じです。ですからどんな波形でも、ある周波数のサイン波の性質を調べれば電波の振る舞いを知ることができます。なかでも、電波の伝わり方などは周波数でほぼ決まります。

1-4 電波のいろいろな伝わり方

── 直進、回折、反射、屈折

　電波は一般に直進すると考えられますが、波としての性質があるため、いろいろな物質や物体があると複雑な伝わり方をします。ここではそのような電波の性質について考えてみましょう。

①電波は直進する

　電波は同じ媒質の中では直進します。途中に障害物があっても、その大きさが波長より小さければその障害物を越えてそのまま進むことができます。しかし障害物の大きさが波長よりも大きいと、電波はその障害物を越えて進むことができません。

　車で走行中にラジオを聴いていると、FM放送は建物の陰に入ると電波が弱くなったり途絶えたりして聞こえなくなることがありますが、AM放送ではそういうことはほとんどありません。これはFM放送（周波数76MHz〜90MHz、波長4m〜3.3m）のほうがAM放送（周波数526.5kHz〜1606.5kHz、波長570m〜187m）よりも波長が短いからです。この電波が幅10m程度の建物に当たると、FM放送の電波は波長が建物よりも短いので建物を越えることができませんが、AM放送の電波は波長がずっと長いので建物を越えて向こう側まで進むことができます。郊外などで山の向こう側になると、FM放送のほうが聞

こえにくくなるのも同じ理由です。このようにさまざまな障害物があるところでは、周波数の低い（波長の長い）電波のほうが遠くまで届きます。

　この電波が伝わっていく様子を、17世紀のオランダの物理学者ホイヘンスは「ホイヘンスの原理」と呼ばれる原理を使って説明しました。

　ある瞬間の波の山や谷など同じ位相の点を連ねてできる面を「波面」といいます。図1-9では、電波は「波源」と呼ぶ点から放射されて360度の方向に広がりながら直進するので、波面は波源を中心とする円状になります。このように波面が円状になる波を「球面波」といいます。電波が波源から遠く離れると、狭い範囲内では電波は平行に進むとみなせるようになり、波面は電波の進行方向と直角の直線状になります。このような波を「平面波」

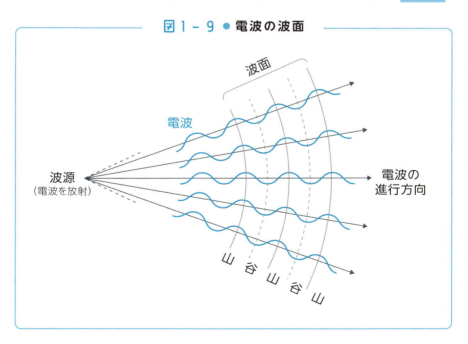

図1-9 ● 電波の波面

といいます（図1-10）。

　ホイヘンスは、図1-10に示すように、ある瞬間に波面1の各点が新しい（仮想的な）波源となって電波を放射し、点線で示すような新しい波面をつくると考えました。この多数の点線で示した波面の包絡線が波面2になります。この波面2上の各点（仮想的な波源）から同様にして次の波面3がつくられます。このようにして波面が進行していくと考えることができます。これがホイヘンスの原理です。

②電波は回折する

　電波のような波が物体の陰の部分へも回り込むことを「**回折**」といいます。前の例で、FM放送は建物の陰に入ると波長の短い電波がさえぎられて聞こえなくなると説明しましたが、実際にはまだ聞こえることが多いものです。これは電波が回折現象によっ

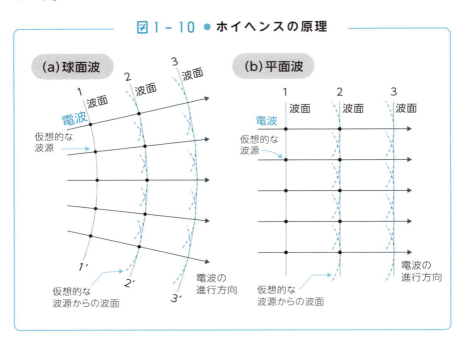

図1-10 ● ホイヘンスの原理

て建物の陰にも多少は届くからです。

　この様子をホイヘンスの原理を使って説明したのが図 1-11 です。平面波が左から右に進んできて障害物のところにくると、波面上の仮想的な波源からの波が球面波として広がり、障害物の背面にも回り込みます。この回り込んでできた波面上の波源からも球面波が広がってさらに障害物の背後に広がります。このようにして電波の回折が起こります。これを「回折波」といいます。ただし、この回折波は電波の周波数が高くなるにつれて少なくなります。

　電波の回折によって、図 1-12 に示すように本来は山によって電波がさえぎられるような陰の地点にも電波が届きます。これを「山岳回折」といいます。数十 MHz ないし数 GHz 程度の周波数の高い電波で顕著に起こり、通常よりも電波の強度が高くなることもあります。周波数の高い電波を使うテレビ放送は、高い山に

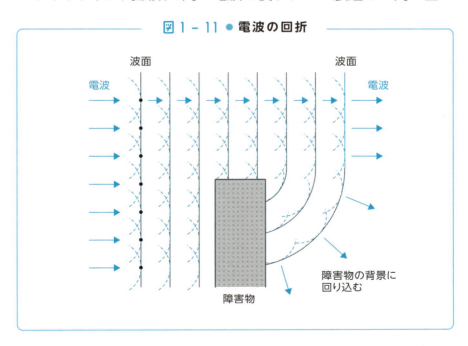

図 1-11 ● 電波の回折

囲まれた地域では電波が山にさえぎられるためふつうは受信できませんが、ある特定の地域では山の向こうの放送局からの電波を受信できることがあります。これは山岳回折によってかなり遠くまで電波が届くためです。

　この山岳回折をうまく利用すると、本来は見通しがきかないため電波が届かないような遠距離でも通信を行なうことができます（「見通し外通信」という）。1954年（昭和29年）に奄美大島群島が米軍統治下から日本に戻ったとき、本土との間に通信回線を設置することになり、鹿児島－奄美大島間340kmという見通しがきかない距離を山岳回折による見通し外通信で実現しました（1961年に開通）。このときは途中の中之島にある標高930mの山を利用して山岳回折を行ないました。さらに1964年（昭和39年）には徳之島にある標高600mの山を利用した山岳回折で、奄美大島－沖縄間215kmの見通し外通信回線が開通しました。当時は離島を結ぶ適当な通信回線がなく、電波の回折をう

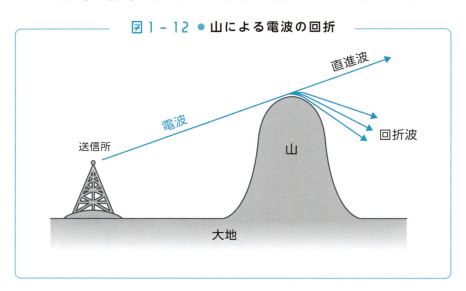

図1-12 ● 山による電波の回折

まく利用した見通し外通信はきわめて有効な手段でした。

③電波は反射する

電波は電気をよく通す金属板に当たると反射します。大地も電気を通すので電波を反射します。海や湖、川も同じように電波を反射します。

図1-13に示すように、電波（平面波）が金属などの反射体に当たると、入射角と同じ角度で反射して反射波となります。このとき、A-A'、B-B'-B"、C-C'の長さはすべて等しいので、反射波はやはり平面波となります。

電波が建物の外壁や地面で反射して届くと、送信アンテナから直接届く電波よりも少し遅れてくるため、2つ（以上）の電波が混ざって干渉（次節参照）という現象を起こす原因になります。

④電波は屈折する

光が空気中から水やガラスの中に入るとき、その境界面で屈折することはよく知られています。空気と水やガラスとは屈折率が

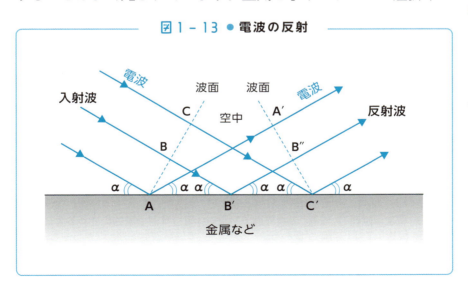

図1-13 ● 電波の反射

違うために起こる現象です。同じように電波も屈折します。

　図1-14（a）に示すように、媒質1の中を伝搬してきた電波が屈折率が異なる媒質2の中に入るとき、A → A′ → A″のように境界面と垂直に入れば電波はそのまま真っすぐ進みますが、B → B′ → B″のように斜めに入ると屈折して方向を変えて進みます。電波が媒質2から媒質1に向けて伝搬するときも同じで、A″ → A′ → A、B″ → B′ → Bのように同じ経路を逆方向に進みます。この屈折の原理は、199ページの「光の屈折」の節で詳しく説明します。

　電波は主に大気中を伝搬しますが、大気の性質は一様ではなく、気温、気圧、湿度などの気象条件の影響で電波に対する屈折率は一定ではありません。また図1-14（b）に示すように、上空にいくほど空気が薄くなって大気の屈折率が低くなるので、電波は

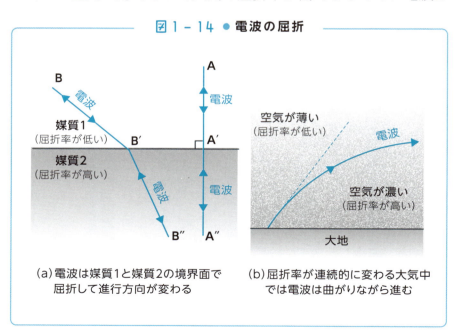

図1-14 ● 電波の屈折

(a) 電波は媒質1と媒質2の境界面で屈折して進行方向が変わる

(b) 屈折率が連続的に変わる大気中では電波は曲がりながら進む

直進しないで下方（地面方向）に曲がりながら伝搬します。

ここで次のような問題を考えてみましょう。

電波を使うレーダー（57ページ参照）で、水平線の向こう側に隠れて見えない船を探索できるでしょうか？

ちょっと考えると、地球は丸いので直進する電波では水平線の向こう側にいる船を捉えることができないと思われます。しかし電波は上空で屈折しながら曲がって伝搬するので、図1-15のように直線で計算した見通し距離よりも15％ほど遠くまで届きます（図は少し誇張して描かれています）。したがって、水平線の向こう側に隠れている船も、この距離の範囲内であれば電波でキャッチすることができます。

テレビの放送も、高いテレビ塔から電波を送信してできるだけ遠くまで電波が届くようにしていますが、同じように電波は地面の方向に曲がりながら伝わるので、直線の見通し距離よりも遠くまで届きます。

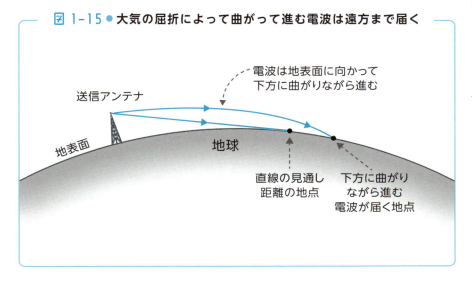

図1-15 ● 大気の屈折によって曲がって進む電波は遠方まで届く

1-5 電波の干渉

——同位相で強くなり逆位相で弱くなる

波の重要な性質の1つに「干渉」という現象があります。干渉とは、2つ（以上）の波が重なり合うと、波を強め合ったり弱め合ったりする現象です。当然、電波も干渉を起こします。

図1-16（a）に示すように、振幅も波長も同じ2つの波の山と山、谷と谷が重なると（位相が同じ）、強め合って山の高さが2倍に大きくなり強い電波になります。図（b）のように2つの波が少しずれて重なると（図の場合は位相が90度ずれている）、山の高さは同位相の場合よりも小さくなりますが、もとの山よりは大きくなります。次に、図（c）のように2つの波の山と谷が重なると（位相が180度ずれている）、波は消えてしまいます。図（d）のように、2つの波の高さが違う場合は、山と谷が重なっても消えることはなく、山の高さはもとの高さより小さくなります。

このように電波の干渉は、条件によって重なり合った波がいろいろな強さになるのでやっかいです。

そこで図1-17のように、異なる方向から到来した同じ波長の2つの電波が重なり合う場合を考えてみましょう。これは携帯電話を使っているときに、電波の干渉がどのように起こるかを例に

図1-16 ● 2つの電波の干渉

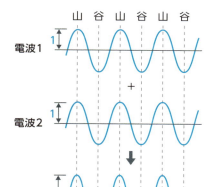

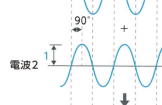

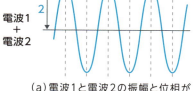

(a) 電波1と電波2の振幅と位相が同じ場合、2つの波が重なると、山と山、谷と谷が重なって振幅が2倍の波になる

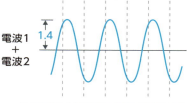

(b) 電波1と電波2の振幅が同じで位相が90°ずれている場合、2つの波が重なると振幅が1.4倍の波になる

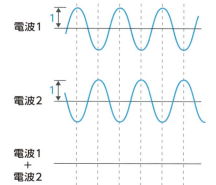

(c) 電波1と電波2の振幅が同じで位相が180°ずれている場合、2つの波が重なると山と谷が重なって打ち消し合うため波は消えてしまう

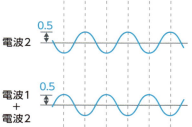

(d) 電波2の振幅が電波1の1/2で位相が180°ずれている場合、2つの波が重なると山と谷が重なるため振幅が1/2の波になる

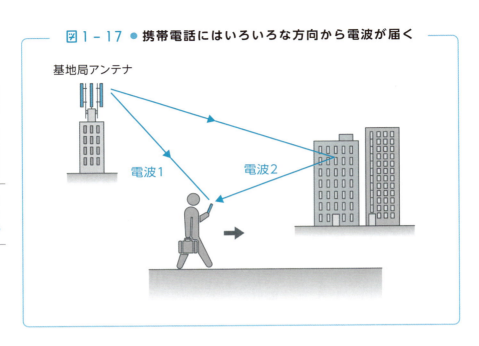

図1-17 ● 携帯電話にはいろいろな方向から電波が届く

とって示したものです。携帯電話には、基地局のアンテナから直接届く電波1（**直接波**）と近くのビル壁などに反射して届く電波2（**反射波**）があります。この場合、反射波のほうが伝搬距離が長いので直接波よりも少し遅れて携帯電話機に届きます。この電波の伝搬距離の差、すなわち電波の遅れ時間は電波を受ける場所によって異なります。

図1-18は少し複雑でわかりにくい図ですが、電波1と電波2がどのように干渉を起こすかを電波の波面を使って示したものです。

電波1は図の左上から右下に向かって矢印がついた太い実線で示すように進んできます。この太い実線と直角に交わるように細い実線と点線が交互に描かれていますが、これが電波1の波面で、実線が波の山、点線が谷を示しています。電波は平面波と考えて

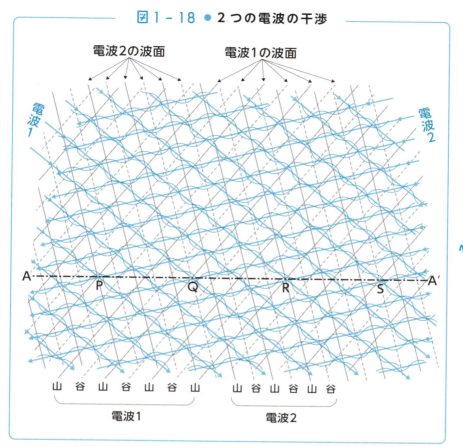

図1-18 ● 2つの電波の干渉

よいので波面は直線状になります。同様に、電波2は図の右上から左下に向かって太い実線のように進み、その波面もこれと直角に細い実線と点線で示してあります。

　この2つの電波が干渉を起こすと、電波1の波面の山と電波2の波面の山が重なる場所は電波が強くなるところで、逆に電波1の山（または谷）と電波2の谷（または山）が重なる場所は電波が打ち消し合って弱くなるところになります。ここで携帯電話機が一点鎖線 A-A' に沿って左から右へ移動すると、P点では2つ

の電波の山が重なるので電波を強く受信できますが、Q点に来ると電波1の山と電波2の谷が重なるので電波が弱くなります。P点とQ点の間では、2つの電波の波面の重なり具合（すなわち位相差）に対応して、電波はその中間の強さになります。さらにR点まで進むと干渉によって再び電波は強くなり、S点まで進むと電波は弱くなることが波面の重なり具合からわかります。Q点とR点の間、R点とS点の間では電波は中間の強さです。

　電波は進行方向に向かって一定の速さで直進し、その波面も同じように進みます。そのため図1-18は波面のある瞬間の位置を示したものといえます。しかし、2つの電波の位相関係は変わらないので、P点では常に同位相で電波は強くなり、Q点では常に逆位相で電波は弱くなります。他の地点でも同様です。

　このように携帯電話機を使いながら移動すると、場所によって受信する電波が強くなったり弱くなったり交互に変化します。これでは使いにくいので、実際のシステムでは電波の強さの変化に問題なく対応できるように技術的な対策がとられています。

1-6 電波を周波数で分類する

—— 通信・放送・レーダーと使い分け

　電波は周波数によって伝わり方が違います。一般に、周波数が低い電波ほど地球の丸みに沿って遠くまで伝わりますが、周波数が高くなると次第に直進性が強くなり、大気中の水分などによって吸収・散乱されるため遠方までは届きにくくなります。そのため初期のころは遠くまでよく届く周波数の低い電波から使われてきました。

　これに対して周波数の高い電波は送れる情報量が大きいというメリットがあります。情報量が大きいとは、電信のような符号や文字よりも電話やラジオのような音声・音楽、さらにテレビのような画像を送れるということです。

　そこで電波には1桁ずつに区切った周波数帯ごとに図1-19に示すような呼び名がつけられていて、利用目的に合った周波数帯の電波を使うようにしています。

1）超長波（VLF：Very Low Frequency）、長波（LF：Low Frequency）

　電波の波長が長いので低い山などは越えて、地表面に沿って遠方まで伝わります。ただし、周波数の範囲が狭いので音声などの情報を送るのが難しく、標準周波数や時刻を示す標準電波

（40kHz、60kHz）、飛行機・船舶などに方向を示すビーコンに使用されます。一般に電波は水に吸収されてしまうため遠くまでは届きませんが、超長波の電波は水中でも数十m程度は伝わり

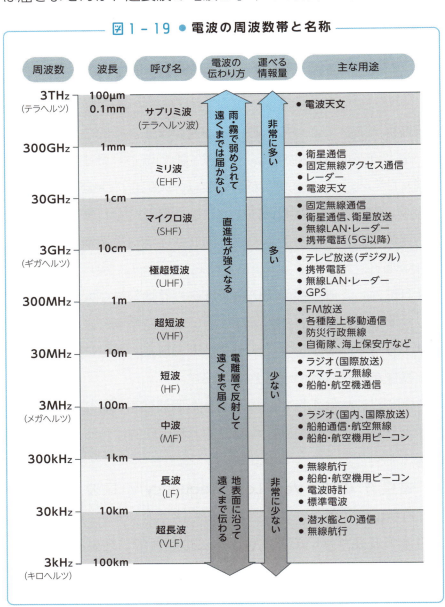

図1-19 ● 電波の周波数帯と名称

ます。そのため潜水艦との通信や海底探査などに使われています。

2）中波（MF：Medium Frequency）

　地上の山や建造物などに比べて電波の波長が長いので、障害物の影響をあまり受けずに伝わります。また夜間は上空の電離層（39ページ参照）で反射して海外までの遠方にも届きます。そのため、ラジオ放送（AMラジオ：526.5〜1606.5kHz）、船舶の無線航行、船舶との通信などに使われています。

3）短波（HF：High Frequency）

　上空の電離層でよく反射する周波数帯で、電離層と地表面とで反射を繰り返しながら地球の裏側にまで届きます（42ページの図1-22）。簡単に長距離通信ができるので、遠洋船舶通信、国際航空機通信、アマチュア無線、海外向けのラジオ放送に使われています。しかし電離層の状態は常に変化するので通信が不安定なこと、音声程度の情報量しか送ることができないといった問題を抱えています。

4）超短波（VHF：Very High Frequency）、極超短波（UHF：Ultra High Frequency）

　このように周波数が高くなると電波は直進性が強くなり、建造物などに比べて波長が短くなるので障害物を越えて進むことができなくなりますが、ある程度回り込んで山や建物の陰にも伝わります（回折現象）。電離層は通り抜けて反射しません。短波以下の周波数に比べて利用できる周波数範囲が広いので、VHF帯はFM放送、多種多様な業務用モバイル通信などに利用されています。以前はアナログテレビ放送にも使われていました。UHF帯は地上デジタルテレビ放送に使われているほか、近距離では安定

した通信ができるので、携帯電話などのモバイル通信（移動体通信）などに使われます。

5）マイクロ波（SHF：Super High Frequency）

このような周波数の高い電波になると、性質が次第に光に似てきて直進性が強くなり、雨・霧などの影響を受けやすいので遠くまで届きにくくなります。その代わり、特定の方向に向けて電波を発射するのに適していて、2地点間を結ぶ固定通信（マイクロ波通信）に使われています。とくにマイクロ波帯のうち、比較的周波数が低い4GHz〜6GHzの電波は雨の影響をそれほど受けずに安定して長い距離（50km程度）を伝わるので、NTTが北海道から九州・沖縄までを結ぶ長距離無線通信回線に利用してきました（もちろん途中に電波の中継所を置きます）。周波数が10GHz以上では、雨による減衰が大きくなるので短距離通信か衛星通信・衛星放送に使われます。上空にある衛星からの電波なら大気層を通過する距離が短いので、雨などの影響は少なくなります。

また通信・放送以外でも、鋭いビームの電波を放射できるので各種レーダーに用いられています。

6）ミリ波（EHF：Extremely High Frequency）

このような周波数の高い電波は悪天候時には雨・雪・霧などですぐに減衰してしまうので、空中での通信には短距離を除いてあまり利用されません。最近は100〜200m程度の至近距離用のレーダーに利用されています。

ミリ波以上の周波数の高い電波は通信用にはほとんど利用できず、132ページで述べる電波天文学で盛んに使用されています。

1-7 上空には電波を反射する電離層がある

── アマチュア無線家の功績

　無線電信の発明者**マルコーニ**は、1901年にイギリスからカナダまで大西洋を横断して電波を使った通信（無線電信）に成功し、一躍有名になりました。しかし地球が丸いことを考えると、3500kmにも及ぶ大西洋を越えて電波が届くのはおかしい気がします。電波は直進するので、図1-20(a)のように受信所のアンテナには電波は地球の陰にかくれて直接届くことはないはずです。そのため、この大西洋横断実験の成功を疑問視する人も少なくありませんでした。しかし、イギリスからカナダまで直接電波が届いたのは事実で、この現象は図の(b)のように上層に電波を反射する層があると仮定すれば説明できると発表した科学者もいました。

　この電波を反射する層の存在が確認されたのは1925年になってからで、上空に向けて電波を発射し、反射した電波が戻ってきたことで証明されました。さらに電波を発射してから戻ってくるまでの時間を測って、約100kmと300kmの高さに電波の反射層が存在することが確認されました。

　この反射層の正体は、**太陽からの高い放射エネルギー（紫外線**

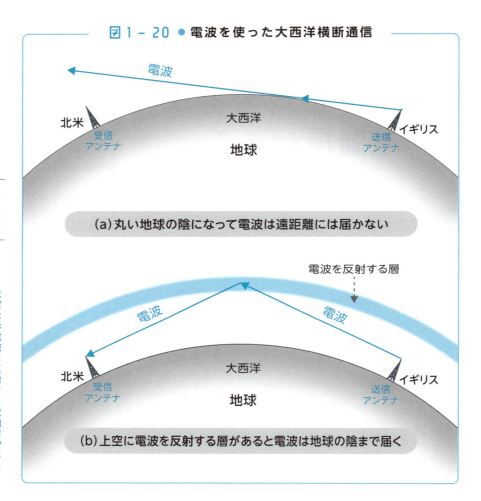

図1-20 ● 電波を使った大西洋横断通信

(a) 丸い地球の陰になって電波は遠距離には届かない

(b) 上空に電波を反射する層があると電波は地球の陰まで届く

やX線など）を受けて、上空の窒素や酸素などの原子や分子から電子が分離（イオン化）して自由に動ける状態になったもので、「電離層」と名付けられました。この電離層には電気を帯びたイオンや電子が多数存在しているので、図1-21のように地上からの電波が電離層に入ると方向が曲げられ、再び地上に向けて進みます。このように電離層で反射するのは主に中波と短波の電波で、超短波以上の周波数の高い電波は電離層を通り抜けてしまい反射

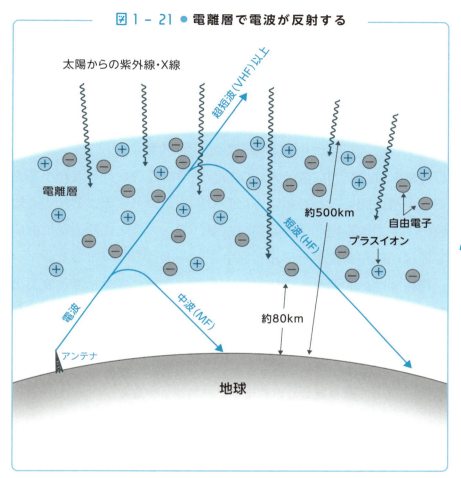

図1-21 ● 電離層で電波が反射する

しません。とくに短波は電離層と地上とで何回も反射しながら地球の裏側にまでも電波が届きます（図1-22）。このような性質があるため、電離層をもっともよく活用しているのは短波で、短波ラジオ放送で海外からの放送を聞けるのは電離層で電波が反射して届くからです。

　この電離層の反射を使った短波帯の利用を開拓したのはアマチュア無線家の功績です。

マルコーニの無線電信実験の成功以来、急速に電波の商業や軍事などへの利用が始まりましたが、1920年代までは世界の実用無線局は長中波帯を使った大出力局が主流で、電波が混雑した状況でした。そのためアメリカのアマチュア無線家たちには、当時あまり利用価値がないと思われていた短波の利用しか認められませんでした。すると1923年末から1924年にかけて、アマチュア無線家は小電力による大西洋横断通信に成功し、短波が小電力で遠距離に届くことを実証したのです。このアマチュアによる短波の小電力遠距離通信の発見のおかげで、大西洋横断通信において無線通信が海底ケーブルと競争できるようになりました。

　電離層は、太陽からの放射エネルギーが時々刻々と変化するので電波を反射する状況も変化し、電離層での電波の反射を利用する短波通信は文字通り太陽まかせです。海外からの短波ラジオ放

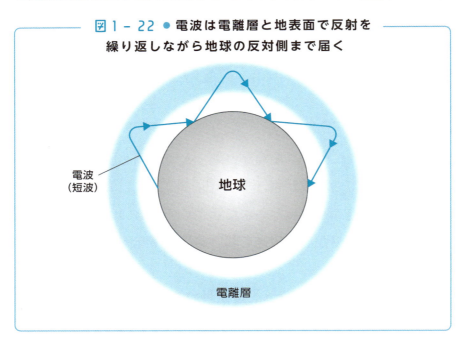

図1-22 ● 電波は電離層と地表面で反射を繰り返しながら地球の反対側まで届く

送を聴いていると、音が大きくなったり小さくなったり常に変動します。これはフェージングと呼ばれる現象で、電離層が電波を反射する程度が変化するために起こります。また、太陽の活動が活発になって大きなフレアが多発すると強いX線や宇宙線が放射され、これが電離層を強く刺激して短波の電波を吸収してしまうので短波通信が途絶してしまいます。これを**デリンジャー現象**といい、ふつうは30分くらいからせいぜい数時間で復旧しますが、時には2〜3日も続くことがあります。

　電離層に頼るために不安定な短波通信ですが、大洋横断の海底ケーブルや衛星通信が普及するまでは、国際通信には短波が使われていました。日本でも1960年代の前半までは、太平洋を越えたアメリカなど外国との国際電話は短波を利用していました。オリンピック放送も、1964年の東京オリンピック以前は不安定な短波ラジオ放送に頼るしかなく、フェージングに悩まされながら真夜中のラジオに聞き耳をたてたものです。このような悩みから解放されたのは、1964年に衛星通信が実現されてからです。

1-8 周波数の帯域幅とは

── 広帯域ほど品質がよくなる

　私たちが電波を利用するのは、ほとんどの場合、いろいろな情報の信号を遠くまで送るためです。例えば、ラジオ放送では音声や音楽、テレビ放送では映像の信号を電波で送っています。携帯電話なら音声（電話）や文字・画像（ネット接続）の信号を送ります。

　このような信号の波形は複雑です。図 1-23 は一例として音声信号の波形を示したものですが、音声に限らず他の情報信号の波形も同じように複雑な形をしています。しかしこのような複雑な波形も、20 ページで説明したように多数のサイン波を合成してつくることができます。別のいい方をすれば、このような波形には多数の周波数の波が含まれていることになります。

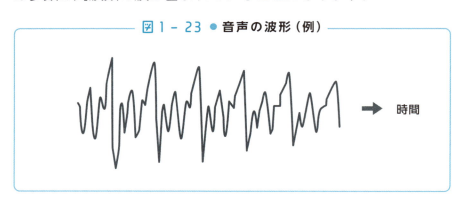

図 1-23 ● 音声の波形（例）

時間

通信や放送でこのようなたくさんの周波数の波をすべて送るのは大変なので、波形に大きな影響を与えない程度に、高い周波数（および必要に応じて低い周波数も）をカットして波形に含まれる周波数を一定の範囲内に収めるようにします。<u>この周波数の範囲の幅を「周波数帯域幅」（略して「帯域幅」）といいます。具体的には、その範囲内の最高周波数から最低周波数を引いた値が帯域幅です。</u>

　これを示したのが図 1-24 です。電話の音声信号は周波数を 300Hz（0.3kHz）〜 3.4kHz の範囲に収めているので、帯域幅は 3.4kHz − 0.3kHz = 3.1kHz です。これに対して AM ラジオ放送の信号は、周波数範囲を 40Hz（0.04kHz）〜 7.5kHz にしているので、帯域幅は正確には 7.46kHz（= 7.5kHz − 0.04kHz）になりますが、最低周波数の値が最高周波数の値に比べてきわめて小さいので実際には帯域幅 7.5kHz として扱っています。同様

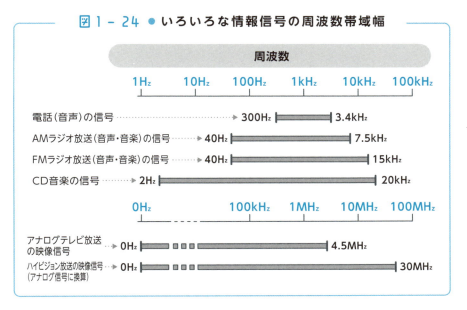

図 1-24 ● いろいろな情報信号の周波数帯域幅

に、FMラジオ放送の信号は帯域幅が15kHz、CD音楽は帯域幅が20kHzです。これからもわかるように、帯域幅が広いほど音質がよく、高品質になります。人間の耳が聴くことができる最高周波数は20kHzといわれているので、CD音楽はそれに合わせて最大の帯域幅を確保しています。

テレビ映像でも高品質化が進んでいます。2011年まで放送されていたアナログテレビでは、映像信号の周波数を0Hz（直流）〜4.5MHzの範囲内に収めているので、帯域幅は4.5MHzです。これに対して現在放送されているデジタルテレビは高精細テレビ（HDTV：High Definition TV、日本では「ハイビジョン」と呼ばれる）で、映像信号の最高周波数をおよそ30MHzにしているので帯域幅は約30MHzと広くなり、それだけ高品質な映像になっています。

このような帯域幅をもった情報信号を送るには、電波も少なくともそれに見合った帯域幅を確保することが必要です。これはケーブルを使って信号を伝送する場合も同じです。

この帯域幅という概念は、アナログ信号の性能を表わす尺度の1つです。デジタル信号の性能は伝送速度（単位はbps、ビット／秒）で表わされますが、デジタル信号自体も多数の周波数のサイン波を含んでいるのでそれに対応した帯域幅をもっています。一般的には伝送速度が高いほどデジタル信号の帯域幅は広くなります。**帯域幅が広いことを広帯域（ブロードバンド）といい、高速伝送・高速通信のことをブロードバンド伝送・ブロードバンド通信という**ことがあります。携帯電話なども、電波の帯域幅を広く使ってブロードバンド通信を行なうようになってきました。

1-9 放送が使う電波

―― NHK 東京 FM82.5MHz の意味

　ここからはどのような周波数の電波を利用しているかを、代表的ないくつかの例について見てみましょう。

　最初は放送です。放送は同じ番組を不特定多数の視聴者に届ける必要があるので、どこでも受けられる電波を使うのに一番適しています。最初はラジオ放送で、1920年にアメリカのピッツバーグで始まりました。日本では1925年に開始されています。

　ところで音声・音楽信号の周波数は、図1-24 からもわかるように 10 〜 20kHz 以下です。このように低い周波数の信号はそのまま電波にして送ることができません。電波はもっと高い周波数を使います。そのため音声・音楽信号を電波で送るには、使用する電波に合わせて周波数の高い信号に変換してやる必要があります。<u>この操作を「変調」といい、昔は真空管、現在はトランジスタなどの半導体部品を使った電子回路（変調回路）で行なわれます。</u>

　新聞のラジオ番組欄を見ると、放送局ごとに電波の周波数が記載されています。例えば東京の場合、「NHK 第1」は 594kHz、「NHK-FM」は 82.5MHz などとなっています（周波数はそれぞれの地域の放送局ごとに異なります）。これは「NHK 第1」放

送は594kHzという周波数の電波で音声・音楽信号を送るという意味ですが、音声・音楽信号は一定の帯域幅をもっているので電波にも一定の帯域幅が必要です。この様子を示したのが図1-25で、送りたい音声・音楽信号（帯域幅7.5kHz）と周波数594kHzの波を変調回路に加えると、594kHzを中心に低いほうと高いほうにそれぞれ7.5kHzの帯域幅をもった信号波が得られます。この信号波は586.5kHz（＝594kHz − 7.5kHz）〜601.5kHz（＝594kHz ＋ 7.5kHz）という範囲の波を含んでいて、594kHzを中心に帯域幅は15kHzになります。この信号波をアンテナから電波で送信すれば放送ができます。

594kHzというのは電波で送る信号波の基準となる波（**搬送波**という）の周波数のことで、放送局の周波数はこの搬送波の周波数を示していますが、実際にはこれを中心に一定の幅をもった周波数の電波を送っているのです。各放送局の周波数は、他の放送局の周波数と帯域幅を含めて重ならないように割り当てられます。もし周波数が重なってしまうと、その電波を受けたラジオでは2つの番組が混ざって聞こえてしまう混信が起こります。ただし、2つの放送局が遠く離れていて電波の送信出力が弱ければ、電波は遠くまでは届かないので同じ周波数の電波を使うことができます。この電波の周波数割り当ては、日本では総務省（旧郵政省）が行なっています。

変調後の信号がどの程度の帯域幅をもつかは変調の方法によって異なります。

図1-25に示したのは **AM（Amplitude Modulation：振幅変調）** と呼ばれる変調方法で、AMラジオという呼び名はこの変

調方法からきています。これからもわかるように、FMラジオは**FM（Frequency Modulation：周波数変調）**という変調方法を用いた放送です。FMは変調後の帯域幅が広くなり、現在のFMラジオはステレオ放送ということもあって帯域幅は約200kHzに達しています。帯域幅が広くなる代わりに雑音の影響を受けにくいのが特長で、AMラジオではカリカリ、ザーザーと雑音が入るときでも、FMラジオなら雑音も聞こえず高品質です。

　国内のAMラジオ放送は中波帯の電波を使っています。中波は周波数の幅が2.7MHz（＝3MHz − 0.3MHz）あるので信号の帯域幅15kHzに比べて十分広く、必要なチャネル数もとれます。

　ところがテレビ放送は信号の帯域幅が広いので中波帯では帯域幅が足らず、もっと周波数の高い電波を使う必要があります。短波なら周波数の幅が27MHz（＝30MHz − 3MHz）あるのでテレビ信号も送れますが、何チャネルも放送するには不十分です。

それに短波帯は短波ラジオ放送やアマチュア無線などにも利用しています。そこでテレビ放送はVHF帯を使うことになりました。テレビの試験放送は、第2次世界大戦前の1936年ごろドイツやイギリスなどで行なわれましたが、このときは45MHz付近の周波数の電波を使いました。

　テレビ放送が本格的に始まったのは第2次世界大戦後（日本では1953年）で、日本では90MHz〜222MHzのVHF帯を使いました。当時はまだ100MHz以上の高い周波数帯の利用があまり進んでいなかったので、十分な周波数の空きがあったことも幸いしました。現在の地上デジタルテレビ放送は、さらに周波数が高いUHF帯の電波（470MHz〜710MHz）を使ってより多くのチャネル数を確保しています。

　図1-26には参考までに、東京地方と大阪地方のテレビチャネルと使用周波数を示しておきました。テレビ信号の帯域幅は4.5MHzですが、電波で送るときはテレビ信号を特別な変調で帯域幅を6MHzにしています。デジタルテレビは映像信号（と音声）をデジタル信号にして送りますが、この場合もデジタル信号を6MHzの帯域幅で送るようにしています。

　図1-26をよく見るとわかりますが、アナログテレビ放送ではテレビのチャネルは1つおきに使われています。これは隣のチャネルの番組の電波が少し漏れてきて、画面が見にくくなるのを防ぐためです（チャネル3とチャネル4は周波数が離れているので続けて使っても問題ありません）。ところがデジタルテレビ放送ではチャネルを続けて使っています。デジタル方式は外部からの妨害に強いという性質があるので、隣のチャネルの電波が少しく

らい漏れてきても耐えられます。テレビ放送もデジタル化することによって、電波の周波数をムダなく効率よく使用できるというメリットがあることがよくわかりますね。

図1-26 ● テレビ放送の周波数とチャネル配置

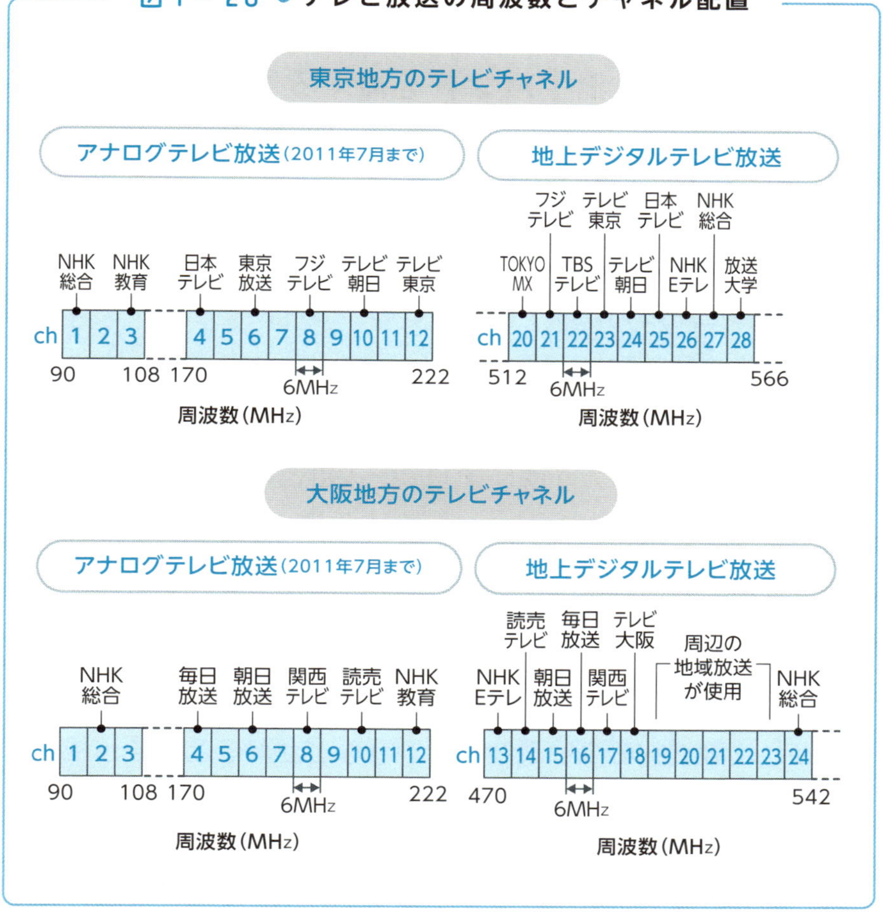

東京地方のテレビチャネル

アナログテレビ放送（2011年7月まで）

ch: 1, 2, 3 / 4, 5, 6, 7, 8, 9, 10, 11, 12
- 1: NHK総合
- 2: NHK教育
- 4: 日本テレビ
- 6: 東京放送
- 8: フジテレビ
- 10: テレビ朝日
- 12: テレビ東京

90　108　170　　6MHz　　222
周波数（MHz）

地上デジタルテレビ放送

ch: 20, 21, 22, 23, 24, 25, 26, 27, 28
- 21: フジテレビ
- 22: TBSテレビ
- 23: テレビ東京
- 24: テレビ朝日
- 25: 日本テレビ
- 26: NHK Eテレ
- 27: NHK総合
- 28: 放送大学
- 20: TOKYO MX

512　6MHz　　566
周波数（MHz）

大阪地方のテレビチャネル

アナログテレビ放送（2011年7月まで）

ch: 1, 2, 3 / 4, 5, 6, 7, 8, 9, 10, 11, 12
- 1: NHK総合
- 4: 毎日放送
- 6: 朝日放送
- 8: 関西テレビ
- 10: 読売テレビ
- 12: NHK教育

90　108　170　　6MHz　　222
周波数（MHz）

地上デジタルテレビ放送

ch: 13, 14, 15, 16, 17, 18, 19, 20, 21, 22, 23, 24
- 13: NHK Eテレ
- 14: 朝日放送
- 15: 毎日放送
- 16: 関西テレビ
- 17: テレビ大阪
- 読売テレビ
- 18～23: 周辺の地域放送が使用
- 24: NHK総合

470　6MHz　　542
周波数（MHz）

1-10 携帯電話が使う電波

—— プラチナバンドをめぐる争奪戦

　移動しながら使うことができる携帯電話は電波が頼りです。その電波は基地局と携帯電話機の間を結ぶ無線回線に使われ、通信距離はたかだか数 km 以下です。このような携帯電話が使うのに適した電波の周波数は、図 1-27 に示すような条件から決まってきます。

　携帯電話は大勢の人が使います。一人ひとりが使う電話の帯域幅は狭くても、大勢の人が同時に使うと人数分だけ広い帯域幅が必要です。さらに画像などを送るためのブロードバンド通信（高速通信）も広い帯域幅を必要とします。このような広帯域通信には周波数が高い電波が適しています。

　しかし、周波数の高い電波は雨や雪などが降ると電波が減衰して遠くまでは届きにくくなります。どんな天候でも安定して電波を送るには周波数の低いほうが有利です。

　携帯電話ならではの電波の使い方もあります。電波は基地局から数 km 以下のエリア内に届くだけで、それ以上の距離にはほとんど届きません。そのため、ある基地局から遠く離れたエリアの基地局は同じ周波数の電波を使うことができます。このように同じ周波数の電波を繰り返し使うことによって、限られた周波数で

図1-27 ● 携帯電話に適した電波の条件

- 大勢の人が携帯電話を使う
- ブロードバンド通信を利用する

周波数が高いほうが有利

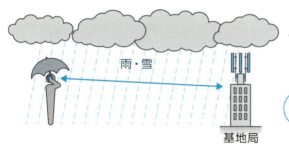

- 雨や雪が降っても電波が届く

周波数が低いほうが有利

- 別の基地局のエリアまで電波が届かない

周波数が高いほうが有利

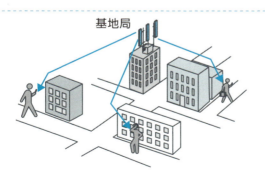

- ビル陰や道路など見通しがきかないところにも電波が回り込んで届く

周波数が低いほうが有利

広いサービスエリアをカバーすることができるというしくみです。このとき、周波数の高い電波ほど遠くまでは届かないので、無用な混信を避けるには電波の周波数は高いほうが有利です。

　都市部のようなところでは、基地局からの電波がビルや建物の陰になって直接携帯電話機に届きにくくなります。ところが電波には回折現象があるので、建物などの角を回り込んで電波が届くようになります。この回折現象は周波数が低いほど大きくなるので、電波が届かない場所を少なくするには周波数が低いほうが有利です。

　これらの条件を考慮して、携帯電話には当初800MHz帯が割り当てられました。それ以下の周波数帯はUHFテレビ放送に割り当てられていたので、800MHz帯しか空きがなかったという事情もありましたが、結果的には携帯電話に使いやすい周波数だったといえます。

　その後、携帯電話の利用者が急増するにつれて800MHz帯だけでは周波数が足りなくなり、図1-28に示すように1.5GHz帯、1.7GHz帯、2GHz帯、3.5GHz帯と次第に高い周波数帯も利用するようになっています。また800MHz帯も拡大して700MHz～900MHz帯として利用できるようにしました。とくに最近の携帯電話は超高速通信化が進み、それに伴って広い帯域幅が必要になってきたため、高い周波数帯の利用がますます進むと考えられます。

　電波はいろいろな用途に使用され、また多数の事業者が利用しています。そのため携帯電話が使用できる周波数は厳密に決められていて（図1-28、図1-29）、その中を事業者ごとに周波数を

分けて割り当てています。ところが周波数の高い電波は、雨などによる減衰が大きいため基地局から遠く離れると電波が弱くなり、また回折による電波の回り込みも少なくなるので、携帯電話が通じなくなる場所が増えてしまう可能性があります。そのため携帯電話には、周波数が低い800MHz帯の電波のほうが使いやすいといえます。携帯電話事業者としては、できるだけ使いやすい周波数の電波を希望するのは当然でしょう。

そこで2012年になって、それまでの700MHz～900MHz帯の電波の割り当てを見直して再編成し、それまでUHFテレビ放送（アナログ）に使われていた700MHz帯も携帯電話に使用できるようにするとともに、これからの高速通信に使えるように広い帯域幅を確保しました。この周波数帯は使いやすいので「プ

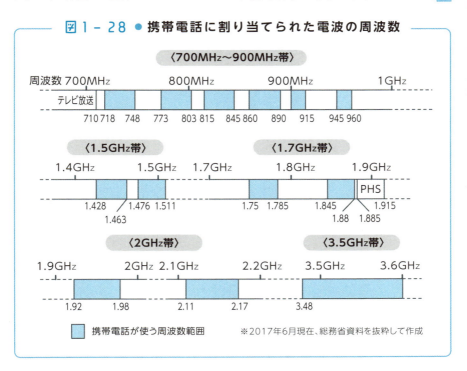

図1-28 ● 携帯電話に割り当てられた電波の周波数

ラチナバンド」と呼ばれ、各社が割り当てを求めて争奪戦を演じましたが、抽選で公平になるように割り当てられました（図1-29）。携帯電話は双方向通信なので、携帯電話機から基地局へ（上り方向）の電波と基地局から携帯電話機へ（下り方向）の電波が必要です。この2つの電波が混信しないように、端末発信と基地局発信の周波数を分けてペアで割り当てます。

携帯電話の利用者は増え続ける一方で、さらに高速通信への要求も高くなっています。そのため電波の周波数が足りなくなってきたのが大きな問題です。これからは電波を効率よく使うための技術開発と新しい周波数帯の開拓が必要になってきます。2010年から始まった**第4世代（4G）**の携帯電話は図1-28に示した700MHz〜3.6GHzの周波数の電波を使ってきましたが、2020年に始まる次の世代のる**第5世代（5G）**携帯電話は、この周波数帯に加えてより高い周波数の4.5GHz帯や28GHz帯も使う計画で、さらには30GHz以上のミリ波帯の利用も検討されています。

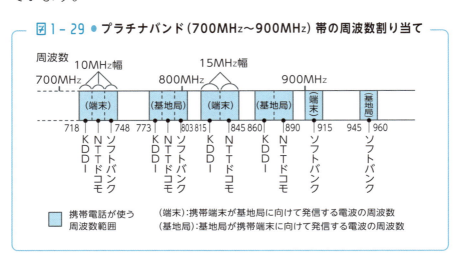

図1-29 ● プラチナバンド（700MHz〜900MHz）帯の周波数割り当て

1-11 レーダーが使う電波

―― 精緻きわめる気象レーダー

電波はさまざまな情報信号を送るのに使われるだけではありません。電波は伝搬速度が一定である（1秒間に30万km）ことを利用して、距離を測定するのにも利用できます。その代表がレーダーです。

レーダーは、強い電波を対象物に向けて発射し、対象物に当たって戻ってきた反射波の到達時間を測って、発射した電波との時間差から対象物までの距離と方向を測定するものです（図1-30）。それにはパルス幅が狭い電波を、次節（62ページ）で説明する指向性の強いアンテナから一方向に向けて発射し、対象物に当たって反射してきた電波を受信します。電波の伝搬速度は一定なので、電波が反射して戻ってくるまでの時間がわかれば距離を求めることができます。アンテナを360度回転させれば、全方向を探索できます。

電波が物体に当たって反射するには、電波の波長がその物体の大きさ（寸法）よりも小さいことが前提で、波長のほうが大きいと電波は物体を越えて通過してしまいます。そのため波長が短い電波を使うほうが分解能を高くでき、高い解像度が得られるので有利ですが、周波数が高くなると電波は大気中で減衰して遠くま

では届きにくくなります。一方、できるだけ遠くまで探索するには周波数が低い電波のほうが有利ですが、波長が長いので分解能が低くなり、目標の解像度が悪くなります。

このような条件を考慮して、多くのレーダーは周波数が数GHz程度（波長が数cm程度）のマイクロ波帯の電波を使っています。10GHz以下であれば、指向性の強い強力な電波を使うことによって1000kmくらい先まで探知できるといわれています。距離が短くてすむ場合は、より周波数の高いミリ波帯の電波を使うこともできます。

レーダーは第2次大戦中に敵を発見するための手段として発展

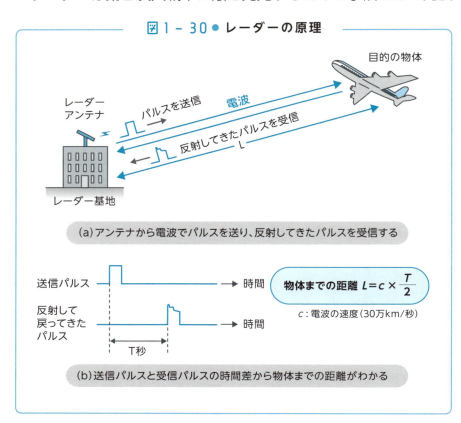

図1-30● レーダーの原理

(a) アンテナから電波でパルスを送り、反射してきたパルスを受信する

物体までの距離 $L = c \times \dfrac{T}{2}$

c：電波の速度（30万km/秒）

(b) 送信パルスと受信パルスの時間差から物体までの距離がわかる

し活躍しました。戦後も軍事用として重要な役割を担っていますが、その技術は平和目的にも開放され、船舶用レーダー、航空管制用レーダー、気象レーダーなどに利用されています。

　<u>気象レーダー</u>の画像はテレビの天気予報などでよく使われるので、私たちにとってもっともなじみ深いものでしょう。ほとんどの気象レーダーは 2.8GHz 帯、5.3GHz 帯、9.5GHz 帯の電波を使っていますが、主力は 5.3GHz 帯です。図 1-31 に示すように、時間幅が 2 マイクロ秒（1 マイクロ秒は 100 万分の 1 秒）のパルスを送信し、雨粒に当たって散乱し反射してきた電波を受信して、戻るまでの時間と反射波の強度から 200〜300km 程度の範囲内の降雨状況を観測できます。粒子が小さい雲や霧の観測にはミリ波レーダー（35GHz 帯）も使われています。

　この気象レーダーはアンテナを回転させながらマイクロ波帯

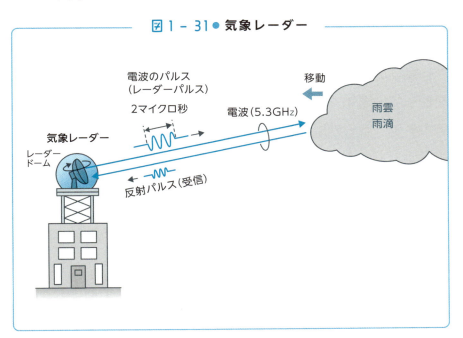

図 1-31 ● 気象レーダー

（主に 5.3GHz）の電波を発射し、半径数百 km の広範囲内に存在する雨や雪を観測することができます。札幌〜沖縄まで全国 20 カ所に観測所があり、国土のほぼ全域をカバーしています。

　最近の自動車には衝突予防システムの搭載が進んでいますが、これにもミリ波レーダー（60GHz 帯、76GHz 帯）が使われています。100 〜 200m 程度の範囲で障害物を検知したり、周辺車両との車間距離を測定することができます。

　このところ X バンドレーダーが話題になっています。"X" とはレーダーや衛星通信に使う電波の周波数帯を表わす記号で、周波数帯によっていろいろな記号が用いられていますが、X バンドは 8GHz 〜 12GHz の周波数帯です。この中で X バンドレーダーが使っているのは 9GHz 帯の電波で、米軍が開発した早期警戒レーダーが有名です。電波の波長が短い（3.3cm）ので高い分解能が得られ、きわめて強力な電波を発射して 1000km 以上先のミサイル弾頭の形まで把握できるといわれています。

　自動車のスピード違反取締りや野球のスピードガンもレーダーを使っています。この場合は測定する対象が動く速度なので、電波のドップラー効果を利用します。

　ドップラー効果は音の場合によく知られている現象で、パトカーや救急車がサイレンを鳴らしながら近づいてくるとサイレンの音は高く聞こえ、遠ざかっていくと音が低く聞こえるのを経験したことがあるでしょう。これは耳に聞こえる音の周波数が近づいてくるときは高く、遠ざかるときは低くなるからで、ドップラー効果と呼ばれる現象です。

　電波も音と同じ波なので、ドップラー効果が起こります。電波

を物体に当てて反射してきたときの周波数を測ると、物体が近づいているときは周波数が高く、遠ざかっているときは低くなります（図1-32）。送った電波の周波数と反射して戻ってきた電波の周波数の差は物体の動く速度に比例するので、この差を測定すれば物体の速度がわかります。スピードガンなどはこの原理を使って物体の速度を求めているのです。

　気象レーダーでもドップラー効果を利用することによって、反射してきた電波の強さと周波数の変化から降水強度に加えて雨・雪の移動速度まで求めることができます。特に空港気象レーダーでは、ダウンバーストに起因する高度500m以下の低層ウィンドシア（風向きや風速の急激な変化）を検出できるので、航空機の安全航行に欠かせないものです。

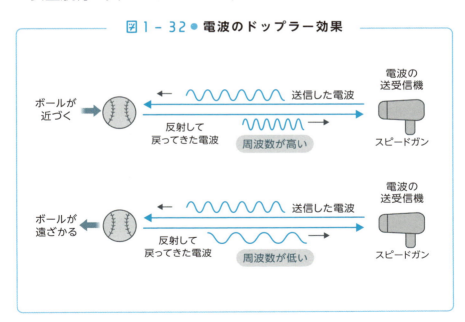

図1-32 ● 電波のドップラー効果

電波を放射し、電波を取り込むアンテナ
―― 波長の半分の長さが効率的

　通信でも放送でも、さまざまな情報信号を電波にして送り、また電波から取り込む役割をするのがアンテナです。

　そのアンテナにはさまざまな形式がありますが、もっとも基本的なアンテナは図1-33に示すような金属棒で、その中央部から高周波の交流電流（高周波電流）を加えるという構造です。この

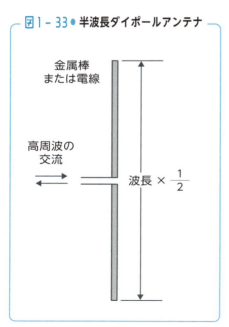

図1-33 ● 半波長ダイポールアンテナ

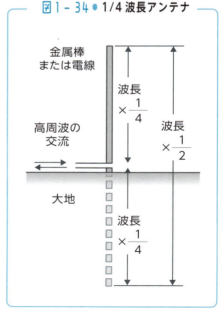

図1-34 ● 1/4波長アンテナ

アンテナは長さを電波の波長の 1/2 にしたときにもっとも効率よく電波を放射するので、「半波長ダイポールアンテナ」と呼ばれます。それ以外の波長の電波も放射しますが、アンテナの長さの 2 倍の波長の電波がもっとも強くなります。電波を受信するときも同じで、アンテナの長さの 2 倍の波長の電波をもっとも感度よく取り込みます。ヘルツの実験（図 1-1、11 ページ参照）は結果的にこの半波長ダイポールアンテナを使ったことになります。

電線や金属棒ならどんなものでもアンテナになるだろうと勝手に考えてはいけません。上に述べたように、どのような周波数の電波を送信・受信するかによってアンテナの長さを決める必要があります。波長が短いほど、換言すれば周波数が高い電波ほど、アンテナの長さは短くなります。逆に周波数が低い電波ほどアンテナが長くなります。

アンテナの長さを短くするには、図 1-34 のように半波長ダイポールを変形して半分の長さにした「1/4 波長アンテナ」が使われます。これは図 1-33 の半波長ダイポールアンテナの上半分だけを使い、下半分は電線または金属棒を大地に埋め込んで接地した構造です。大地は電気をよく通す導体なので、大地が鏡のようになって長さが 1/4 波長のアンテナが現われ、全体で半波長ダイポールアンテナと同じになります。これは片方を接地しているので「接地アンテナ」とも呼ばれます。これは波長の長い電波を送受信するときにアンテナの長さを短くできるので便利です。マルコーニが最初に無線通信を行なったときは、この 1/4 波長アンテナを利用して周波数の低い電波を使い、通信距離を伸ばしていました。

現在でも中波ラジオ放送の送信所ではこの 1/4 波長アンテナを使っています。放送電波の周波数は 535kHz 〜 1605kHz で、波長に直すとおよそ 560m 〜 190m です。そこで 1/4 波長アンテナにすれば高さ数十 m（高くても 100m 強）の鉄柱を建てればよく、半波長ダイポールアンテナに比べて高さを半分にできます。家庭でラジオを受信する際はこのような長いアンテナを建てることはできませんが、強い電波を送信しているので短いアンテナでも受信できるように工夫されています。

　テレビ放送の受信アンテナは、家々の屋根の上に設置されているのでよく見ることができますが、これには半波長ダイポールアンテナが使われています。このアンテナは写真 1-1 からもわかるように、金属棒が横に何本も串ざしのように並んだ構造をしていて、特定の方向（すなわちテレビ塔の方向）からの電波だけを強く受信できるようになっています。

　図 1-35 はこのアンテナの原理を説明した図です。半波長ダイポールアンテナの前方（電波が来る方向）に 1/4 〜 1/8 波長の間隔をあけて半波長より少し短い金属棒を置くと、電波を導く導波器として働き、後方に同じように 1/4 〜 1/8 波長の間隔をあけて半波長よりも少し長い金属棒を置くと、電波を反射する反射器として働きます。導波器を何本も一直線上に同じ間隔で並べるとさらに指向性が強くなり、電波を効率よく受信できます。このアンテナは 1926 年に当時の東北帝国大学教授の八木秀次教授と宇田新太郎講師（のちに教授）によって発明されたもので、「<u>八木・宇田アンテナ</u>」と呼ばれています。

　2011 年まで使われた VHF 帯を使うテレビ放送（アナログ

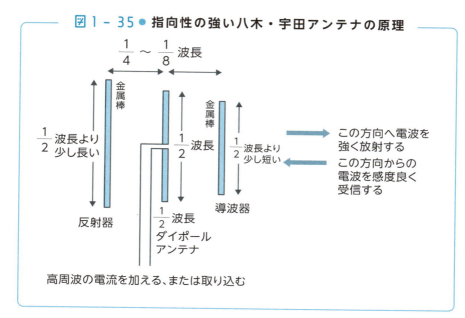

図1-35 ● 指向性の強い八木・宇田アンテナの原理

テレビ）の周波数は、図1-26（51ページ）に示したように90MHz～222MHzで、波長はおよそ3.3m～1.3mになります。半波長ダイポールアンテナはこの中間ぐらいの波長の半分の長さになります。現在のUHF帯を使う地上デジタルテレビ放送は主に周波数が470MHz～570MHzの電波を使っていて、波長はおよそ64cm～53cmです。このため半波長ダイポールアンテナの長さはVHF用のアンテナに比べて短くなります。写真1-1で、上のアンテナがUHF用のアンテナ、下が

写真1-1 テレビ放送受信用の八木・宇田アンテナ
上が地上デジタル放送用のUHFアンテナ、
下がアナログテレビ放送用のVHFアンテナ

65

VHF用のアンテナで、波長の短いUHF用のアンテナのほうがずっと小型になっていることがわかります。アンテナの金属棒がたくさんあるのは指向性を強めるためです。

　携帯電話は、図1-28（55ページ）に示したように、周波数が710MHz〜3.6GHzの電波を使っていて、波長がおよそ42cm〜8cmです。波長が長い、周波数が低いほうの電波を使う場合は、半波長ダイポールアンテナでは携帯電話端末に収まらないので、アンテナの構造を工夫して1/4波長アンテナにして端末の内部に収容できるようにしています。携帯電話がこのような周波数の電波を使うのは、アンテナの立場からも妥当だといえます。

　マイクロ波の電波を送受信するのに使われている"おわん型"のアンテナがパラボラアンテナで、指向性を非常に強くできるのが特長です。その原理はニュートンが発明した反射望遠鏡と同じで、"おわん型"の反射鏡の断面は図1-36に示すように放物線の形をしています。放物線形の反射鏡は図の右方向から入ってくる電波を焦点Fの1点に集めることができます。そこでFのところにアンテナを置けば広範囲の電波を集めて受信でき、微弱な電波でも感度良く受信できます。パラボラを大

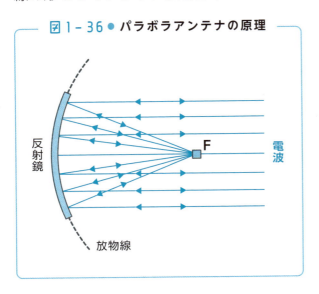

図1-36 ● パラボラアンテナの原理

きくすればそれだけ微弱な電波を取り込めます。

　写真 1-2 は衛星放送を受信するためのパラボラアンテナで、アンテナの向きを赤道上空の BS 衛星に合わせると弱い放送電波（12GHz 帯）を感度良く受信できます。また、第 3 章で説明する電波天文学（132 ページ参照）でも、巨大なパラボラアンテナを使って宇宙から到来する微弱な電波を受けて観測しています。

　マイクロ波無線中継にもパラボラアンテナが使われています（写真 1-3）。パラボラの焦点 F から放射した電波は反射鏡で平行な電波になって目的とする方向にだけ送られます。ムダな方向には電波は送られないので効率よく送信できます。

　電波は空中をあらゆる方向に伝わる性質がありますが、このようにアンテナの構造を工夫することによって、特定の方向にだけ電波を送ったり、特定の方向からの電波だけを効率よく取り込んだりすることができます。

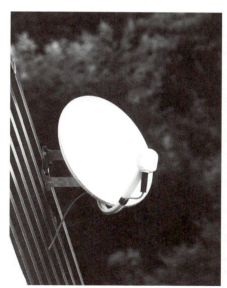

写真 1-2 衛星放送受信用のパラボラアンテナ

写真 1-3 マイクロ波中継伝送用のパラボラアンテナ

1–13 電波の方向を自由に変えられる「フェーズドアレイアンテナ」

—— イージス艦や5G携帯に

　最近、指向性の強いアンテナとして注目されているのが「フェーズドアレイアンテナ」です。これは主にマイクロ波以上の周波数の高い電波に使われるもので、図1-37に示すように多数のアンテナ素子を平面上に並べた構造になっています。1つ1つのアンテナ素子が小さなアンテナになっていて、各アンテナ素子に同じ周波数の電流を流すと一斉に電波を放射します。このとき、各アンテナ素子に流す高周波電流の位相（と振幅）を少しずつ微妙にずらしてやると、ある特定の方向にだけ強い電波のビームを放射させることができます。またその方向からの電波だけを感度よく取り込むことができます。つまり指向性が強いアンテナになります。電波をどの方向に向けるかは、各アンテナ素子へ加える電流の位相を調節することで自由に変えることができます。

　これがフェーズドアレイアンテナの特徴で、これまでの八木・宇田アンテナやパラボラアンテナなどの指向性アンテナでは、電波を放射する方向（や電波を取り込む方向）を変えるにはアンテナ自体の向きを変える必要がありましたが、フェーズドアレイアンテナではアンテナ自体は固定したままで、電気的に各アンテナ

素子に加える電流の位相（と振幅）を調整するだけで指向性の向きを変えられます。しかも電気的に行なうので瞬時に切り換えることができます。

　このフェーズドアレイアンテナは、アンテナ素子の数を増やすほど、また周波数が高いほど、放射する電波のビームを細くすることができ、相手にピンポイントで電波を送ることができます。

　フェーズドアレイアンテナはイージス艦などに搭載されているので、日本では海上自衛隊の港に行けば見ることができます。写真1-4で縦長の8角形に見えるのがレーダー用のフェーズドアレイアンテナで、イージス艦には通常4基配置されています。これで目標に対する距離、方位、高度を把握することができます。

　また最近は、気象レーダーにもフェーズドアレイアンテナが使われるようになってきました。

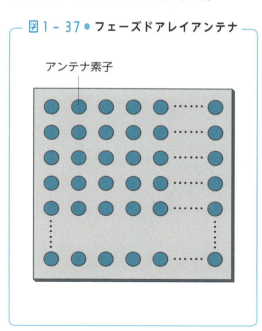

図1-37 ● **フェーズドアレイアンテナ**

アンテナ素子

写真1-4 縦長の8角形に見える2枚がレーダー用のフェーズドアレイアンテナ

第1章　私たちの生活に欠かせない電波

69

これからは2020年ごろから始まる第5世代の携帯電話の基地局アンテナにもフェーズドアレイアンテナを使う計画です。これまでのアンテナでは、電波は360度の方向に一様に放射されていましたが、フェーズドアレイアンテナを使えば電波のビームを絞って特定の利用者だけに向けて信号を送ることができます。そのため、図1-38に示すように同じエリア内で別の方向にいる利用者に向けて同じ周波数の電波を使って信号を送ることができます。利用者が変われば電気的な制御で瞬時に電波のビームの方向を切り換えることができます。

　このようにフェーズドアレイアンテナを使うことによって、同じ周波数の電波を複数の相手に同時に送ることができるので、不足しがちな電波の周波数を有効に利用することができるようになります。

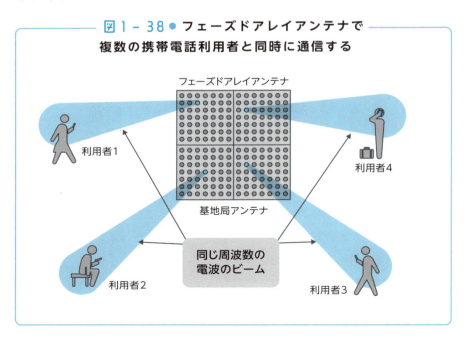

図1-38 ● フェーズドアレイアンテナで複数の携帯電話利用者と同時に通信する

1-14 電波を使って電力を送る「マイクロ波送電」

―― 洋上風力発電や宇宙太陽光発電に

電波はこれまで主に音声・音楽や画像のような情報信号を送るのに使われてきましたが、最近になって電波を使って電力を送る試みが注目されるようになってきました。これまでは電力は電線で送るものとされてきましたが、もし電波を使って無線で電力伝送ができれば、電線を引くことができないようなところでも電力を送ることができるようになります。

その方法は、図 1-39 に示すように、まず電力（直流でも交流でも）を周波数の高い数 GHz のマイクロ波に変換し、指向性の強いアンテナを使って無線で目的地へピンポイントで送ります。受信側ではそのマイクロ波を受けてもとの電力に戻せば電力伝送ができるというしくみです。マイクロ波を使うのは、電波は周波数が高いほど細いビームに絞りやすいという性質があるからです。といっても、あまり周波数を高くすると電波が大気に吸収されて送電中の電力ロスが増えてしまうので、電波が届きやすいマイクロ波（10GHz 以下）を使うのがちょうどよいところです。

課題は、電力をマイクロ波に変換し、空中を電波で送り、受信したマイクロ波を電力に戻す過程で生じるロスをいかに減らせる

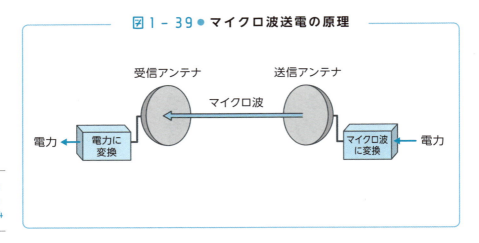

図1-39 ● マイクロ波送電の原理

かということと、送信する電波のビームを相手側のアンテナに正確に合わせるための精度を上げることです。また空中で鳥がマイクロ波の中を飛んで焼き鳥になると困るので、電波のエネルギー密度を十分低くする必要があります。それには面積の大きなアンテナを使う必要があり、前節で説明したフェーズドアレイアンテナを用いるのが有力です。

　このマイクロ波送電は、洋上の風力発電で起こした電力を海底ケーブルを引くことなく陸上まで送電できるとして期待されています。また無人の電動飛行機を飛ばし、空中で給電するのにも利用できるとして実験が行なわれています。

　さらにマイクロ波送電を利用する壮大な計画として、宇宙で発電した電力を地上に送るという**宇宙太陽光発電**があります。

　これは赤道上空3万6000kmの**静止衛星軌道**＊に巨大な太陽電池を打ち上げて、そこで発電した電力をマイクロ波に変換して地上へ送るというものです（図1-40）。地上と違って宇宙なら1日24時間太陽光が当たり、雨や曇りの日もないので、安定した

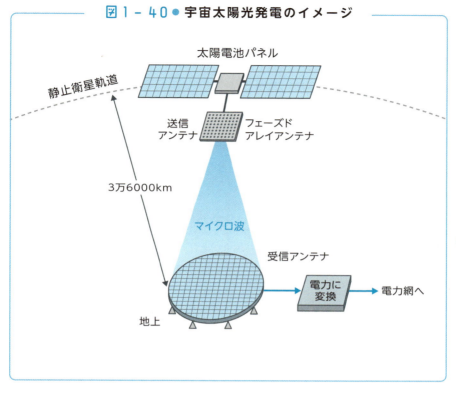

図1-40 ● 宇宙太陽光発電のイメージ

電力が得られます。計画では原発1基分相当の100万kW級の電力を想定し、太陽電池とともに大きさが2.5～3.5kmのアンテナを静止衛星軌道に打ち上げます。このような巨大なアンテナにはフェーズドアレイアンテナを使いますが、1度に運び上げることはできないのでアンテナパネルを分割して何回かに分けて打ち上げ、軌道上で組み立てます。太陽電池で発電した直流電力はマイクロ波（5.8GHzを予定）で地上の目的とする地点にピンポイントで送らなければなりませんが、それには衛星から送るマイクロ波のビーム幅を0.005度に絞り、フェーズドアレイアンテナで電気的にビームの方向を正確に制御します。それでも電波は

途中で広がってしまうので、地上では直径 3 〜 4km の巨大なアンテナが必要です。このくらいに電波が広がれば、電波の電力密度は太陽光と同程度以下になり、この電波を浴びても人体への影響はないと考えられています。

　このような計画を実現するには、打ち上げコストなどを含めて解決すべき課題はたくさんありますが、"自然にやさしい電力"ということで注目されていて、国の計画として 2040 年代の実用化を目指しています。

＊人工衛星の公転周期と地球の自転周期が等しくなる軌道で、地上のある地点から見ると衛星が静止しているように見えるので、このように呼ばれる。

第2章
電磁波の正体

電界と磁界

―― 広がる電気力線、閉じる磁力線

前に述べたように、電波は電磁波と呼ばれる波の一種で、**周波数が3THz以下の電磁波が電波**と定義されています。電磁波とはその名からもわかるように電気と磁気からできた波です。ここでその基本となる「**電界**」（「**電場**」ともいう）と「**磁界**」（「**磁場**」ともいう）について説明しておきましょう。

まずわかりやすい磁界から説明します。

磁石が近くに置いた鉄片を引きつけることはよく知られています。このように磁石が鉄を引きつけるのは、磁石の周辺には鉄を

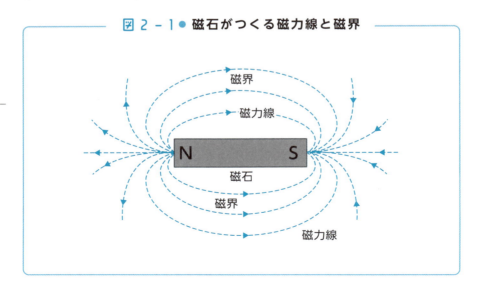

図2-1● 磁石がつくる磁力線と磁界

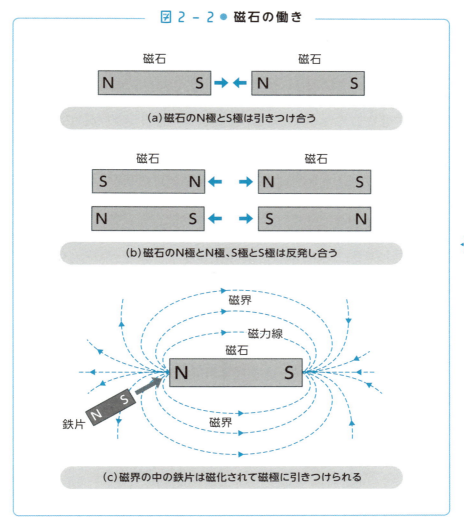

図 2 – 2 ● 磁石の働き

(a) 磁石のN極とS極は引きつけ合う

(b) 磁石のN極とN極、S極とS極は反発し合う

(c) 磁界の中の鉄片は磁化されて磁極に引きつけられる

引きつける力が働いているからです。**このような磁石の力が働いている空間を「磁界（磁場）」といい、磁石のN極からS極へ向けて図 2-1 に示すように目に見えない磁力線が出ていると考えます。**この磁力線の方向が磁界の方向です。

磁石のN極とS極はお互いに引きつけ合いますが、N極とN

極あるいはS極とS極どうしは反発し合います（図2-2(a)(b)）。磁石ではないふつうの鉄が磁石に引きつけられるのは、磁界の中に置くと鉄が磁化されて磁石のN極に近い部分がS極になり、磁石のN極に引きつけられるからです（同図(c)）。鉄以外では、例えばアルミニウムを磁界の中に置いても磁化されないので、磁石に引きつけられることはありません。

　電界も磁界に似ています。プラスチックの下敷きとティッシュペーパーのような薄紙とをこすりあわせて離すと、薄紙は下敷きのほうへ引き寄せられます（図2-3(a)）。これは下敷きと薄紙をこすりあわせることによって**静電気**が生じ、薄紙がプラスに、下敷きがマイナスに**帯電**（プラスまたはマイナスの電気を帯びること）して、プラスとマイナスの電気が引き合うからです。同じようにして下敷きとこすりあわせた2枚の薄紙どうしは、お互いに

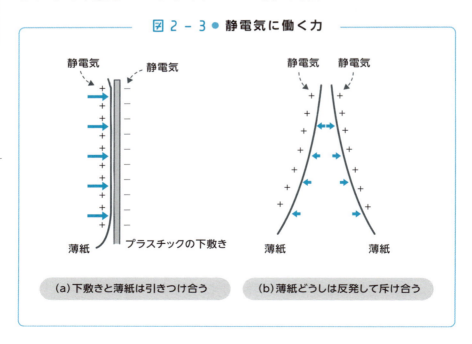

図2-3● 静電気に働く力

(a) 下敷きと薄紙は引きつけ合う　　(b) 薄紙どうしは反発して斥け合う

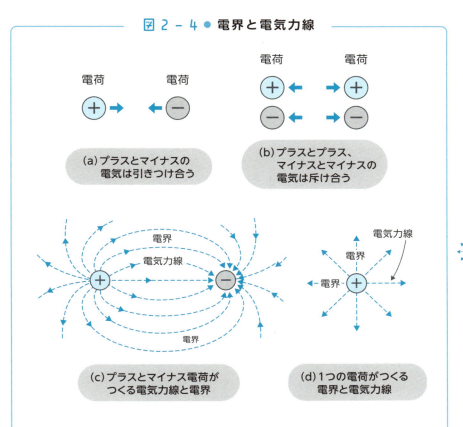

斥けあいます（同図(b)）。これはプラスどうしの電気は反発するからです。

　このようにプラス（またはマイナス）の電気の周辺には異符号の電気を引きつけ、同符号の電気を斥ける力が働いています（図2-4(a)(b)）。図には「電荷」という用語が使われていますが、電荷とは帯電した物体がもつ電気のことで、通常はプラスやマイナスの電気量を表わすために用いられます。この電気の力が働いている空間を「電界（電場）」といいます。そして電荷のプラスか

らマイナスに向けて目に見えない電気力線が出ていると考えます(同図(c))。

　この電界と図2-1に示した磁界を比べるときわめてよく似ていることがわかりますが、1つだけ大きな違いがあります。それは電気はプラスまたはマイナスの電荷だけが単独に存在し、電気力線は遠くまで広がると考えることができます（図2-4(d)）。一方、磁石は図2-5に示すように必ずN極とS極がペアになっていて、N極だけあるいはS極だけという磁石は存在できません。棒磁石を半分に切るとN極とS極をもった2つの磁石になります。どんなに細かく切ってもN極とS極がペアになります。そのため磁力線は必ず図2-1に示すようにN極からS極に向かって閉じています。

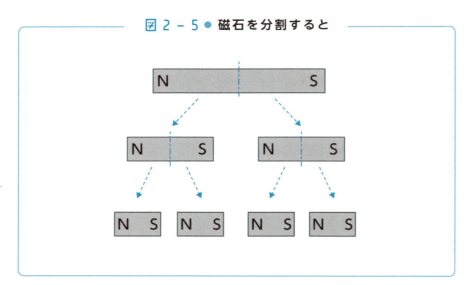

図2-5 ● 磁石を分割すると

電気と磁気の関係

―― 電気が磁気を、磁気が電気をつくる

　電気と磁気には密接な関係があります。これは現在では当たり前のように思われていますが、初めて実験でこのことを発見したのはデンマークの物理学者**エルステッド**で、1820年のことです。

　エルステッドは偶然、図2-6のように方位磁針（磁気コンパス）の近くに置いてあった電線に電流を流すと磁針が大きく振れることに気づきました。電流を止めると磁針の振れは元に戻るので、電流が作用していることは明らかです。この現象は方位磁針に磁石を近づけたときと同じなので、電流が流れている電線の周

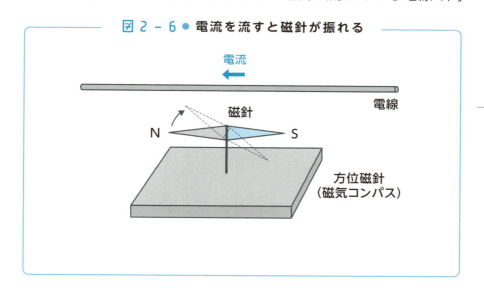

図2-6 ● 電流を流すと磁針が振れる

りに磁界（磁力線）が発生していると考えられます。つまりエルステッドは、磁石だけでなく電流からも磁界ができることを発見したわけで、電気と磁気がお互いに独立ではなく密接な関係があることを発見したのです。これは偶然とはいえ、世紀の大発見でした。このような大発見は、これから後にもしばしば出てきますが、偶然がきっかけになることが多いものです。

このようにして電線に電流を流すとその周りに磁界ができることがわかりました。その磁界の向きは電流の方向と直角で、電流の向きに対して右回りになります（図 2-7）。これは電流の方向を右ねじの進む方向として、右ねじの回る向きに磁界が発生するので、「右ねじの法則」と呼ばれています。

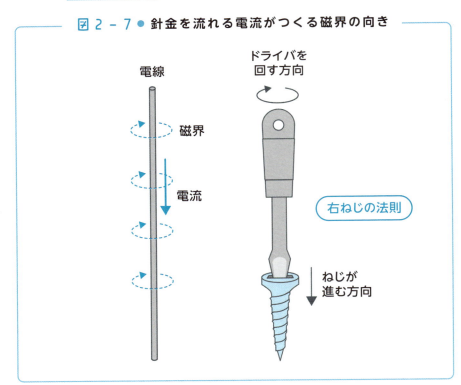

図 2 - 7 ● 針金を流れる電流がつくる磁界の向き

図2-7では電線は直線状ですが、図2-8(a)のようにループ状に1回巻いてコイルにして電流を流すと、磁力線はコイルの中では同じ方向になるのでコイルの内側の磁界が強くなります。そのときの磁界方向は紙面の右前方から左後方に向けた方向です。電線を何回も巻いたコイルにすると（同図(b)）、磁力線の数がそれだけ増えるので磁界は強くなります。

　そのコイルの中に鉄の棒を入れると、鉄は磁界によって磁化されて磁石になります（同図(c)）。これが電磁石です。この図を見ると、図2-1の永久磁石がつくる磁界と同じだということがわかります。つまり磁石がなくても、電気（電流）によって磁石とまったく同じ磁界をつくることができることを示しています。

図 2 - 8 ● **コイルにすると強い磁界ができる**

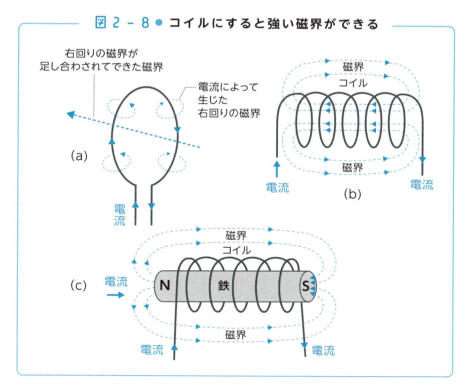

エルステッドの実験を知ったフランスの物理学者アンペールは、さっそく電流の磁気作用をさらに追究しようと研究を始めました。彼は2本の電線を平行に並べて電流を流したところ、図2-9に示すように電流の向きが同じ方向の場合は2本の電線は引き合い、

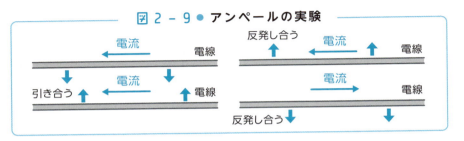

図2-9 ● アンペールの実験

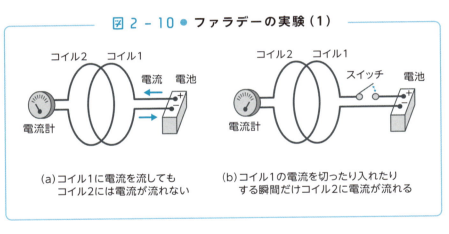

図2-10 ● ファラデーの実験（1）

(a) コイル1に電流を流してもコイル2には電流が流れない

(b) コイル1の電流を切ったり入れたりする瞬間だけコイル2に電流が流れる

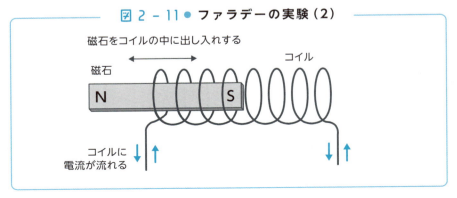

図2-11 ● ファラデーの実験（2）

反対方向の場合は反発し合うことを発見しました。そして2本の電線の間に働く力を測定し、それまでに得られていた実験結果と合わせて「アンペールの法則」としてまとめました。

　エルステッドやアンペールの実験を知ったイギリスのファラデーは、電流が磁界をつくるのなら、その逆に磁界が電流をつくるのではないかと考え、図 2-10 のような2つのコイルをつくって、コイル1に電流を流してみました。電線の周りには磁界ができ、コイル2はその磁界の中に置かれています。もし磁界が電流をつくるのであれば、コイル2に電流が流れるはずです。しかし、コイルにつないだ電流計の針はまったく振れません（同図 (a)）。ファラデーはがっかりしましたが、それでも何回か実験を繰り返しているうちに、偶然にもコイル1に流れている電流を切った瞬間、あるいは電流を流し始めた瞬間にコイル2につないだ電流計の針が振れることに気づきました（同図 (b)）。これは磁界が変化した瞬間にコイルに起電力が発生して電流が流れたことを意味しています。起電力とは電流を発生させるもとになるもので、電圧と同じ意味と考えて差し支えありません。

　さらに図 2-11 に示すように、コイルの中に棒磁石を入れるとそのままではコイルに電流は流れませんが、棒磁石をコイル内に出し入れすると、コイルにつないだ電流計の針が振れて電流が流れたことがわかりました。この場合、棒磁石を動かすことで磁界が時間的に変化し、それが起電力を発生させて電流が流れたと考えられます。

　このとき大切なことは、磁界の向きと起電力の向きはお互いに直角になることで、コイルの電線を磁界の方向と直角の方向にす

ることです。**この磁界の時間的な変化が起電力を発生させるというのが有名なファラデーの「電磁誘導の法則」（1931 年）です。**さらに棒磁石の動きが速いほど、すなわち磁界の変化が速いほど起電力が大きくなることも見出しました。

電気には直流と交流があります。直流は電圧（または電流）が一定ですが、交流は図 2-12 のように電圧（電流）がプラスとマイナスの間を交互に変化します。代表的な交流は、家庭でも使わ

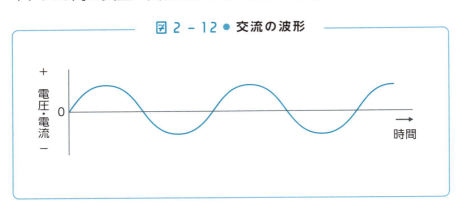

図 2 - 12 ● 交流の波形

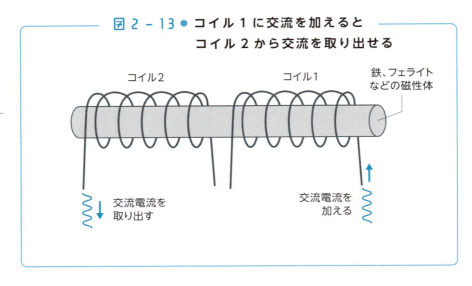

図 2 - 13 ● コイル 1 に交流を加えるとコイル 2 から交流を取り出せる

れている電圧が 100 ボルトで周波数が 50Hz または 60Hz の電気で、その波形は図 1-2 などで示した正弦波です。

　もし図 2-10 の実験でコイル 1 に交流の電流を流したとすると、コイル 1 の周りにできる磁界は流した電流と同じ周期で強さが変化し、その磁界の時間的な変化によってコイル 2 に起電力が生じて交流の電流が流れたはずです。残念ながらファラデーの頃はまだ交流がなかったので、このような現象を観測することができなかったのでしょう。

　図 2-13 に示すように、鉄やフェライトのような磁化しやすい物質でできた棒の周りに 2 つのコイルを巻いておき、コイル 1 に交流の電流を流すと鉄やフェライトの棒は磁化されますが、その磁界の強さと向きは流した電流に比例して変化します。この磁界の変化によってコイル 2 にはコイル 1 の電流と同じ周波数の電気が誘起されます。コイル 1 とコイル 2 とは電線では直接つながっていませんが、"コイル 1 の電気→磁界→コイル 2 の電気" という流れでつながっているといえます。

　このようにエルステッドの実験に始まり、アンペールやファラデーの実験や研究によって電気と磁気の関係が明らかになり、これが近代における電気の利用につながりました。電波（電磁波）の理論も、次節に述べるようにこれらの研究結果をもとに確立されたものです。

2-3 マクスウェルの予言

―― 光も真空中を走る電磁波の一種だ

　ヘルツが電波を発見するきっかけとなった電磁波の存在は、イギリスの理論物理学者マクスウェルによって提唱されました。

　マクスウェルは1864年に、それまでの実験からわかっていた電界や磁界の振る舞いおよび電気と磁気の相互作用に関する法則に数学的な解釈を加えて、図2-14に示すような「マクスウェルの方程式」と呼ばれる4つの式にまとめて発表しました。このマクスウェルの方程式はなかなか難しく、電気・電子工学を専攻する大学生でも理解するのは大変です。当時の学者にとってもこの方程式は難解でなかなか理解されなかったといわれています。

　本書でこの方程式を説明すると難しくなるのでやめますが、だいたいどのようなことを示しているのかを見ておきましょう。

　まず、これらの式に出てくる記号について説明します。

　Eは電界の強さ、**H**は磁界の強さ、**i**は電流の大きさを表わします。**E**、**H**、**i**は太字で書いてありますが、これはベクトルで、大きさと方向（座標のx、y、zの方向）を1つの記号で同時に表わすことができる便利な表現方法です。

　ρ（ギリシャ文字。ローと読む）は電界のもとになる電荷の密度を表わします。ε（ギリシャ文字。イプシロンと読む）は物質

図 2−14 ● マクスウェルの方程式

$$\mathrm{div}\,\boldsymbol{E} = \frac{\rho}{\varepsilon} \quad (1) \qquad \mathrm{div}\,\boldsymbol{H} = 0 \quad (3)$$

$$\mathrm{rot}\,\boldsymbol{E} = -\mu\frac{\partial \boldsymbol{H}}{\partial t} \quad (2) \qquad \mathrm{rot}\,\boldsymbol{H} = \boldsymbol{i} + \varepsilon\frac{\partial \boldsymbol{E}}{\partial t} \quad (4)$$

E：電界強度
H：磁界強度
i：電流密度
ρ：電荷密度
ε：誘電率
μ：透磁率

の誘電率を表わします。誘電率とは物質によって決まる電気的な性質を表わす物質固有の値です。μ（ギリシャ語。ミューと読む）は物質の透磁率を表わします。透磁率とは物質で決まる磁気的な性質を表わす物質固有の値です。t は時間です。div（divergence：発散）および rot（rotation：回転）は方程式に使われる記号です。

マクスウェルの方程式は時間 t に関する偏微分方程式になっています。微分なので、時間に対する変化量を表わすことになります。前節で述べたように、ファラデーの電磁誘導の法則で、磁界が時間的に変化しないと起電力が発生しないことを思い出してください。磁界が時間的に変化しないと微分の値が 0 になるので、起電力が発生しないことになります。これは図 2-14 の第 2 式に相当します。つまり磁界の時間的な変化がないと電界のもとになる電気が 0 になることを示しています。微分が使われている意味は、交流のときにだけ起こる現象だということを表わしています。

さて、マクスウェルの方程式の説明です。

第 1 式は、電荷（ρ）があると、図 2-4(d)（79 ページ）に示したように、その周りに発散（div）するように電界が生じることを表わしています。

第2式は、磁界が時間的に変化するとその周りに電界が生じることを表わしています。これはファラデーの電磁誘導の法則（86ページ参照）に対応するものです。右辺は磁界の時間に関する微分の形になっていますが、これは磁界が時間とともに変化することを表わしています。rotは右ねじの方向に直角に回転することを表わします。右辺にはマイナスの符号がついているので、電界は磁界の方向と直角に右ねじと逆方向にできます。

　第3式は、磁力線はN極から出て必ずS極に戻ることを表わし（divが0、すなわち発散しない）、N極だけまたはS極だけの磁石は存在しないことを示しています。図2-1および図2-5（80ページ）に対応するものです。

　第4式は、電流が流れたときに発生する誘導磁界を表わしたもので、アンペールの法則（84〜85ページ参照）に対応します。右辺の第1項はこのとき電線のような導体に流れる電流で、第2項は電線のない空間に流れる電流を表わします。この空間を流れる電流を「**変位電流**」といいます。

　変位電流とは聞き慣れない用語ですが、電気のことに少し詳しい人なら、2枚の金属板を対向させたコンデンサーに交流の電圧を加えると交流の電流が流れることを知っているでしょう。金属板の間は何もない空間ですが、交流の電流が流れていると想定し、これを変位電流といいます（図2-15の右側の図）。式の左辺は誘導された磁界をベクトル**H**のrotとして表わしていますが、rotation（回転）とは物理的にはループ状にクルクル回っているという意味で、磁界はループ状に回って発生することを示しています。この様子は図2-15に示しておきました。

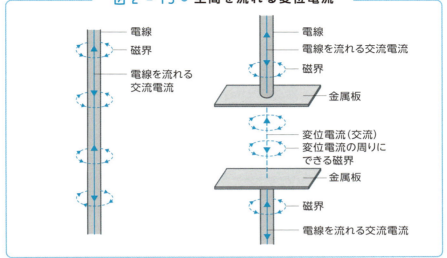

図 2-15 ● 空間を流れる変位電流

　さらにマクスウェルが偉大だったのは、この4つの方程式をもとに電磁波の存在を予言したことです。

　マクスウェルの方程式から電界と磁界の波動方程式が導かれます。この波動方程式を解くと、波が時間とともに形を変えずに移動していく様子がわかります。電界も磁界も真空中に存在できるので、この方程式から導かれた波も真空中を伝わることができます。これが電磁波で、その伝搬速度は電磁波が伝わる物質の誘電率 ε と透磁率 μ とで決まり、計算すると真空中では当時知られていた光の速度とほぼ一致することがわかりました。このことからマクスウェルは光も電磁波の一種であると結論づけました。

　このようにしてマクスウェルは電磁波の存在を理論的に予言しましたが、それが実在することを知ることなく1879年に没しました。ヘルツが電磁波の存在を実験で確かめたのはマクスウェルの死後9年経った1888年のことでした（10ページ参照）。

2-4 電磁波は電気と磁気が絡まってできた波

―― 360度の方向に広がって進む

　マクスウェルが提唱した電磁波は、図 2-14（89 ページ）に示したマクスウェルの方程式から導かれますが、電磁波が発生する様子を簡単に説明すると次のようになります。すなわち；
　(1) 電線に流した交流電流によって電線の周りに磁界ができる。この磁界の強さと向きは電流に対応して変化する。
　(2) 変化する磁界によって電界が誘起される。
　(3) 誘起された電界から磁界が誘起される。
　(4) さらにその磁界から電界が誘起される。
という繰り返しになります。これを図に示すと図 2-16 のようになり、空間に電界と磁界の輪がつながって広がっていくことがわかります。

　図 2-16 では磁界と電界が交互にできていくように見られますが、これは理解しやすいように描いた図であり、実際には磁界も電界も図 2-17 のように連続した波となって空間に広がっていきます。そして電界の波のピークのところが磁界の波のピークになります。

　マクスウェルの方程式を解くと、電界と磁界が対になって振動

しながら（強さが時間とともに波のように変化しながら）空間を伝わっていくことが導かれます。この場合も電界と磁界は向きが直角で、進行方向は右ねじの進む方向です。図 2-16、図 2-17 とも電気と磁気の波が一方向だけに伝わるように描かれていますが、実際には電磁波は金属棒を中心に 360 度の方向に広がって伝搬していきます。つまり金属棒がアンテナの役割をします。

このように、電気と磁気を統一的に考える理論から新しく電磁波を予言し、それまでは電気や磁気とは無関係と思われていた光の現象をも、統一的に理解する道を拓いたという意味でマクスウェルの理論は画期的な出来事でした。

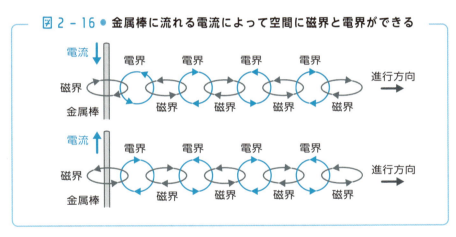

図 2-16 ● 金属棒に流れる電流によって空間に磁界と電界ができる

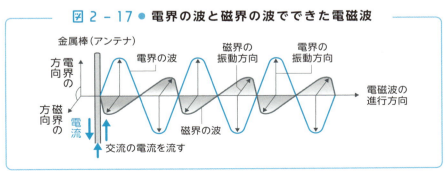

図 2-17 ● 電界の波と磁界の波でできた電磁波

2-5 電磁波の偏波とは

―― 携帯電話は垂直偏波、テレビは水平偏波

　図2-17（93ページ）を見ると、金属棒（アンテナ）から放射された電磁波（電波）の電界の向きは、金属棒に流れた電流と同じ向きになっています。このように電磁波の電界の向きが1つの方向になっている波を偏波といいます。そして図2-18に示すように、電界が振動している向きが大地に対して垂直になっている電波を「**垂直偏波**」、大地に対して水平になっている電波を「**水

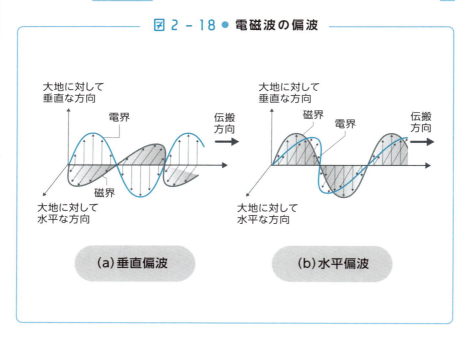

図2-18 ● 電磁波の偏波

(a) 垂直偏波　　(b) 水平偏波

平偏波」といいます。

　図 2-17 に示した電磁波が発生する様子を見ると、電流を流す金属棒（または電線）を大地に対して垂直にすると、空間に発生する磁界は水平方向に、電界は垂直方向になることがわかります。つまり垂直偏波の電波です。このとき、金属棒がアンテナになって電波を空間に 360 度の方向に放射しているということです。この垂直偏波の電波を受信するには、図 2-19(a) のように受信側のアンテナも大地に対して垂直に立てる必要があります。水平にすると垂直偏波の電波はアンテナを素通りしてしまいます（実際には感度は悪くなりますが、多少の電波は取り込めます）。

　垂直偏波を使用している代表的な例は携帯電話です。街の中や郊外を歩いていると、ビルの屋上や鉄塔の上に携帯電話の基地局のアンテナが立っているのを見ることができます。通常は 3 本の

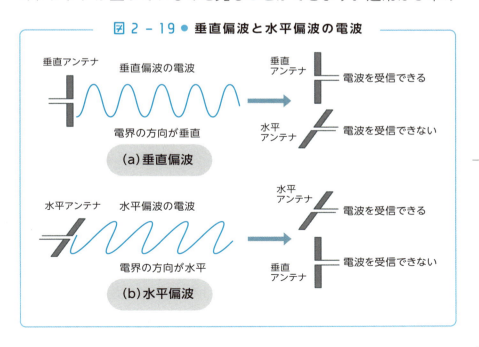

図 2 - 19 ● 垂直偏波と水平偏波の電波

アンテナが立っていますが、これは3方向に電波を送信するためで、1本のアンテナは写真2-1のように地面に対して垂直です。そのためこのアンテナから出る電波は垂直偏波だということがわかります。

　受信側の携帯端末はいろいろな持ち方をするので、常にアンテナを垂直に保つことはできません。そこで端末の内部に2本のアンテナを直角方向に入れておき、どちらかのアンテナが感度よく電波を受信できるようにしています。

　水平偏波の電波は、図2-19（b）のようにアンテナを大地に対して水平にすることによって発生します。水平偏波の電波を受信するには、アンテナを大地に対して水平にします。垂直にすると電波は素通りしてしまいます（垂直偏波の場合と逆になります）。

写真 2-1 携帯電話基地局のアンテナ
3本の白い円筒の中にそれぞれ垂直アンテナが入っている

　水平偏波を使っている代表例はテレビ放送の電波です。テレビ塔の送信アンテナは複雑な構造をしているのでわかりにくいのですが、家の屋根に立っているテレビ受信アンテナを見るとよくわかります（65ページの写真1-1）。テレビの受信アンテナは金属棒が水平に何本も並んだ構造をしていますが、これはテレビ塔の方角から来る電波だけを感度良く受信できるようにするための工夫で、アンテナ

の金属棒は地面に対して水平です。そのためテレビ放送の電波は水平偏波だということがわかります。

マクスウェルは光も電磁波であることを示しましたが、光にも偏波があります。ただし、光の場合は偏波とはいわずに**偏光**といいます。

太陽光や電灯の光はあらゆる方向に振動する波が混ざっています（図 2-20（a））。このような光を偏光板を通すと一定の方向に振動する光だけが通り抜けることができます（同図（b））。この偏光板とはある種の方向性をもつ結晶でつくられたもので、結晶に対して一定の方向に振動する光だけを透過させる性質をもつものです。これは光が偏光板を通るとき、ある方向に振動する光だけを通過させ、それと異なる方向に振動する光を吸収してしま

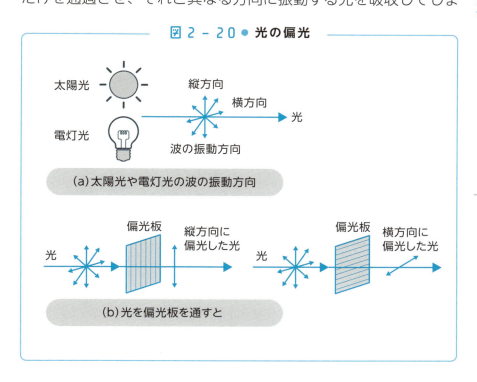

図 2-20 ● 光の偏光

うからです。このように光の振動方向が1方向に偏るので偏光というのです。

　偏光は光が水やガラスなどの表面で反射するときにも起こります。例えば、池や川の水の表面で反射した光は横方向（水面と同じ水平の方向）に振動する光だけになるという性質があります。太陽の光が当たっているときに池の中の魚の写真を撮ろうとすると、外の景色が池の水面で反射して映ってしまうことがありますが、反射光は偏光しているので、カメラに偏光フィルターを付けて撮影すれば反射光をカットすることができ、池の中の魚をきれいに写すことができます（図 2-21）。

　このようなことからも、光はマクスウェルが提唱した通り電磁波の一種だということがわかります。

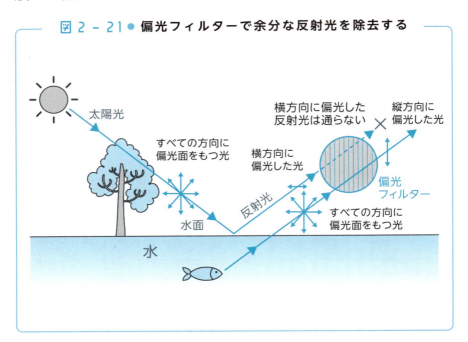

図 2-21 ● 偏光フィルターで余分な反射光を除去する

2-6 電子がゆれ動くと電磁波が発生する

── 温度が上がっても電磁波は発生する

　このような電磁波はどのようにして発生するのでしょうか？答えは**電子が振動すると電磁波が発生**するのです。

　93ページで述べたように、アンテナに交流電流を流すと電波が放射されます。交流電流は大きさと流れる向きが交互に振動する電流であり、電流は電線や金属棒のような導体の中の電子がゆれ動くことによって流れます。まさに電子の振動です。この電子

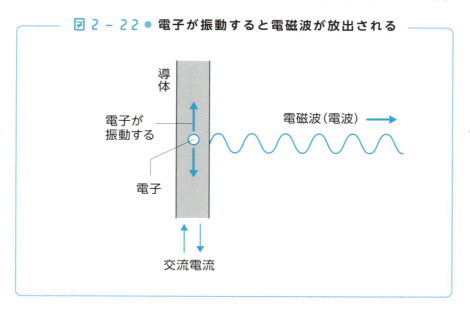

図2-22 ● 電子が振動すると電磁波が放出される

の振動によって空間に電波（電磁波）が発生します（図 2-22）。交流の周波数を高くして電子の振動を速くすれば、振動数（周波数）の高い電磁波が発生します。

電子が振動すると電磁波が発生すると説明しましたが、一般的には**荷電粒子が動くと電磁波が発生する**ということができます。荷電粒子とは電気を帯びた粒子のことで、電子（マイナスの電気を帯びた粒子）はもちろん、原子核の中の陽子（プラスの電気を帯びた粒子）やイオンなどです。また"動く"とは、一定速度で動くだけではダメで、振動運動のほか、動いている速度を変えたり運動方向を変えたりする（加速度を受ける）ことなどを指します。図 2-22 では電子が上下に運動方向を変えて動くので電波が発生します。

電磁波が発生するのは交流電流からだけではありません。温度がある物体からは多かれ少なかれ常に電磁波が出ています。温度とは原子・分子の振動です。原子・分子は熱によって回転したり振動したりしています。これは原子・分子の中の電子や陽子が動いているということで、その結果として電磁波が発生すると考えることができます（図 2-23）。温度が高いとは、原子や分子が激しく運動していることです。

物体は膨大な数の原子から構成されていますが、その原子はプラスの電気をもつ原子核とその周りを回るマイナスの電気をもつ電子から構成されています（159 ページのコラム参照）。**物体が熱せられると原子が激しく振動し、それにしたがって原子核や電子も振動します。とくに軽い電子は振動しやすいので、温度が上がると電子の振動から電磁波が発生します。**

どれくらいの波長の電磁波を出すかは電子がどのくらい速く振動するかで決まります。物体の温度が上がれば上がるほど電子もそれだけ激しく振動するので、波長の短い電磁波が発生します。物体がある温度以上になると、そこから発せられる電磁波の波長は可視光線の波長に達します。そのため物体がこの温度以上になると、その物体から目に見える光が出るようになります。

　この温度や電子の動きによって、どのような電磁波が発生するかは、第3章で詳しく説明します。

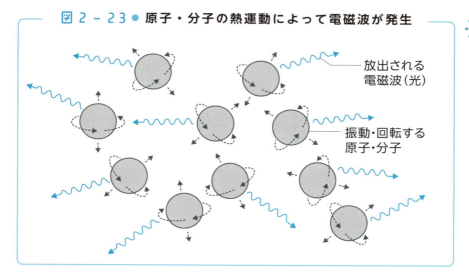

図2-23● 原子・分子の熱運動によって電磁波が発生

2-7 電磁波は電子をゆり動かす

―― 電波が水を温めるしくみ

　前節で述べたように、電子がゆれ動くと電磁波が発生しますが、逆に電磁波は電子をゆり動かすことができます。これは電磁波は電界の振動なので、電磁波が到来すると電子などの電気を帯びた粒子（荷電粒子）がその電界の振動によってゆり動かされるからです。原子核の中の陽子も電気を帯びていますが、陽子は電子の1800倍もの重さがあるので動かされにくく、電磁波が動かすのは主に電子と考えていいでしょう。

　たとえば電波がアンテナに当たると、電波（電磁波）の電界の強さが変化することによって、図2-24のようにアンテナの導体（電線や金属棒）の中の電子がゆり動かされます。電子が動くということは電流が流れることです。このようにしてアンテナは電波を電流に変えて受信することができます。

　また、電波は水の分子をゆり動かすことできます。水の分子（H_2O）は少し特殊な構造をしていて、酸素原子（O）1個に水素原子（H）2個が図2-25(a)のような形で結びついています。このとき、酸素原子はマイナスの電荷、水素原子はプラスの電荷をもっているので、このような形の水分子は電荷の分布がプラスとマイナスに偏っていて、同図(b)のような**ダイポール**になって

います。ダイポールとは、大きさの等しいプラスとマイナスの電荷が対となって存在する状態のことです。

　ふつうの状態（外部からの電界がない状態）では、ダイポールは同図 (c) のようにバラバラの向きになっていて、全体ではプラス・マイナス・ゼロ（電荷の偏りがない）の状態になります。しかし、外部から電界が加えられると、ダイポールは電界に引っ張られて、同図 (d) のようにすべて電界の方向に向きが揃います。電界の向きが交互に変化するとダイポールの向きもそれにつれて交互に変化します。

　水の分子はダイポールになっているので、電界の向きに合わせて回ります（同図 (e)）。電界が交流でつくられていると、電界の向きが交互に変化するのでそれにつられて水分子も交互に反転します。そこでこの水分子に高周波の電界（すなわち電磁波）を

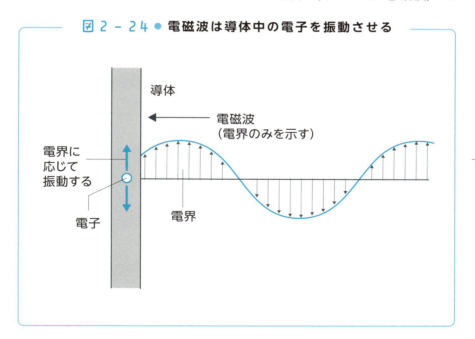

図 2 - 24 ● 電磁波は導体中の電子を振動させる

図 2 − 25 ● 電磁波による水分子の移動

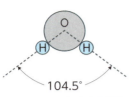

(a) 水の分子の構造

(b) 水の分子はダイポールになる

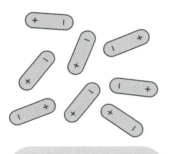

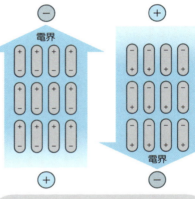

(c) ダイポールは電界がないところではバラバラの方向を向いている

(d) ダイポールは電界の中では同じ方向を向く

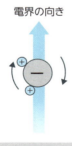

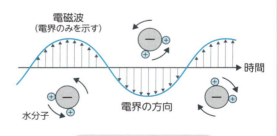

(e) 水分子は電界から力を受けて回る

(f) 水の分子は電磁波の中で振動・回転する

加えると、電界の反転に応じてダイポールである水分子も回転・振動し（同図 (f)）、その際にお互いに摩擦し合って熱が発生します。電波が水の中を伝わることができないのは、このようにしてエネルギーを水に吸収されてしまうからです。

電波が水に熱を発生させることを利用したのが電子レンジです。電子レンジは 2.45GHz というマイクロ波に近い周波数の高い電波を使っていますが、この程度の周波数なら水分子は電波に反応できて水の温度が上昇します。つまり電子レンジは水の温度を上昇させるものであり、水を含まない物質の温度を上げることができないのは上に述べた説明でよくおわかりのことと思います。

電磁波の一種である光も電子をゆり動かします。人間の目に見える光が目に入ると、網膜にある細胞に含まれる分子に当たり、分子中の電子が光によってゆり動かされます。これが刺激となって光を受けたという情報が視神経を経由して脳へと伝わり、私たちはモノを見ることができます。

光の一種である赤外線も物質中のさまざまな分子をゆり動かします。分子の振動が温度で、振動が激しいほど温度が高くなります。赤外線ヒーターのように赤外線を浴びると物体が温まるのは、物体中の分子がゆり動かされるからです。

電磁波はこれまでに説明してきたように、電界と磁界の振動が対になって空間を伝わる波です。電界と磁界は電子のような電荷をもった粒子に力を及ぼします。**つまり電磁波は電子（電荷をもった粒子）をゆり動かす波です。このような電磁波が物質中の電子などをゆり動かすと、電磁波のエネルギーの一部（または全部）が物質に吸収されます。**

2-8 電磁波が人体に与える影響

―― 心臓ペースメーカーへの影響は

　携帯電話やパソコンなどが普及するにつれて、これらの電子機器が発する電磁波が人体に悪影響を与えるのではないかと懸念されています。

　前節で述べたように、電磁波は電子をゆり動かすので、強い電磁波を浴びると人体の中の電子が激しくゆり動かされてしまい、これが熱となって深部体温が上昇する、あるいは電流刺激によって神経や筋が興奮するなど、いくつかの生体作用が生じる可能性があるといわれています。この熱作用や刺激作用に関しては多くの研究蓄積があり、電磁界の強さ（電界強度）との因果関係はほぼ定量的に把握されています。

　それによると、熱作用は電磁波（電波）の周波数が100kHz以上の高周波領域、刺激作用は100kHz以下の低周波領域が支配的で、それ以外の作用については人の健康に影響を及ぼすという事実は示されていません。そこで電磁波の熱作用、刺激作用に関する研究成果をもとに、一般環境では50倍の安全率をとって、図2-26に示すような電波防護指針がつくられています。

　私たちが生活しているところには、ラジオ・テレビ放送の電波や携帯電話の電波などさまざまな電波が降り注いでいますが、こ

れらの電波の強さは図 2-26 の中にも示したように基準レベルの数分の1～数十分の1以下であり、人体への影響はないといえます。

なお、紫外線、X 線、ガンマ線など（第 3 章参照）の電離放射線と呼ばれる電磁波は、遺伝子に影響を与え、発ガン性をもつため、年間許容被曝量が法律によって定められています。

携帯電話が出す電波で心配されているのが心臓ペースメーカーに対する影響です。「優先席付近では携帯電話の電源をお切りください」。電車やバスなどの公共交通機関の中ではこのような注意書きをよく目にします。埋め込み型の心臓ペースメーカーに、携帯電話が出す電波が悪影響を与える可能性があるからです。

心臓ペースメーカーは精巧な電子回路でできたコンピュータ制御のパルス発生器で、図 2-27 のように体内に埋め込まれて、①心臓の筋肉から出る電気信号を感知する、②心臓の中の心室の拍動数が適当かどうかを解析し監視する、③あらかじめ決められたプログラムにしたがって電気パルスを発生させ、心房や心室に送って心筋を刺激する、という動作をしています。携帯電話からの電

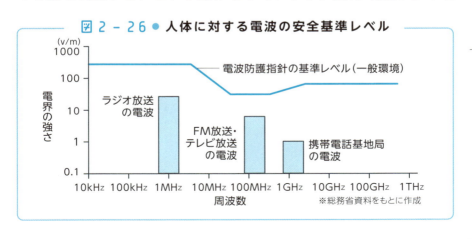

図 2－26 ● 人体に対する電波の安全基準レベル

波が心臓ペースメーカーに入り込むと、このような動作を行なっている心臓ペースメーカーが誤動作を起こす危険性があります。

　初期の頃の携帯電話はかなり強い電波を出していましたが、最近の携帯電話は弱い電波を使うようになっているので、電波によって心臓ペースメーカーが誤動作を起こす危険性はきわめて小さくなったといえます。これまでの実験では、心臓ペースメーカーから3cm離れると携帯電話が出す電波の影響を受けないことがわかっています。そこで、安全率を見込んで心臓ペースメーカーから15cm以上離れていれば安全だという指針が出されています。携帯電話だけでなく、無線LAN機器、非接触型ICカード読み取り・書き込み機、電子タグ読み取り機などについても同様です。

　また最近は、家庭でもIH調理器やLED電球など電磁波や電気パルスを出す可能性がある電気機器が普及するようになっています。特に心臓ペースメーカーを入れている人は、これらに対しても今後注意を払う必要があります。

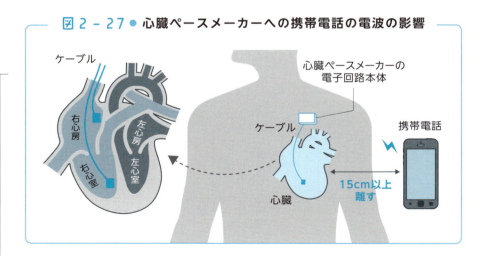

図2-27● 心臓ペースメーカーへの携帯電話の電波の影響

ぶつりの窓

フレミングの法則

「電気」と「磁気」の関係については本章で説明しましたが、実際にはこれに「力」が加わって、これらの働く向きが少し複雑で混乱しがちです。そこでこれをわかりやすく表現したのが「フレミングの右手の法則」と「フレミングの左手の法則」です。

ファラデーの電磁誘導の実験を考えてみましょう（84ページ。図2-11）。電線を巻いたコイルの中に磁石を出し入れするとコイルに起電力が生じ、電流が流れるというものです。このときは磁石を動かして磁界を変化させましたが、図2-Aのように磁石を固定して電線を磁界と直角の方向に動かしても同じです。

電線を下から上へ動かすと電流は図の（a）の矢印の方向へ流れます。逆に電線を上から下へ動かすと、電流の向きも逆になり、図の（b）の矢印の方向になります。この関係を手の指の向きで表わしたのが図の（c）に示した**フレミングの右手の法則**です。親指が力（運動）の方向、人差し指が磁界の方向、中指が電流の方向を表わします。

どの指が何を指すかを忘れてしまうと使いものにならないので、中指から親指に向かって「電・磁・力」と覚えればいいでしょう。このとき3本の指はお互いに直角になっていることに注意してください。電流、磁界、力（運動）の方向はお互いに直角の関係になります。

図 2-A 磁界の中で電線を動かすと電流が流れる

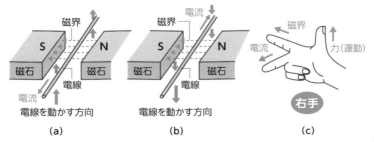

このように磁界の中で電線（導体）を動かすと電線に電流が流れる（起電力が発生する）という現象を利用した代表例が発電機です。

今度は磁界の中で電線に電流を流してみましょう。すると電線には図 2-B に示すような力が働きます。電流を図の（a）の矢印の方向へ流すと電線には上向きの力が働きます。電流の向きを逆にして図の（b）の方向にすると電線に働く力の向きも逆になり、下向きの力になります。この関係を手の指の向きで表わしたのが図の（c）に示した「フレミングの左手の法則」です。

このように磁界の中においた電線に電流を流すと電線に力が働く現象を利用した代表例が電気モーターです。

また、電気をもった電子が磁界の中を直角方向に進むと、電流が流れている電線と同じように力を受けて、電子は図の（d）のように進行方向が曲げられます。ただし電子はマイナスの電気なので、電子の進行方向と電流の向きとは逆になります。これを利用したのが第 4 章で述べる電子顕微鏡の電子レンズです（185 ページ参照）。

フレミングはイギリスのロンドン大学の教授で、学生に発電機やモーターの動作原理をわかりやすく説明するために、この右手の法則と左手の法則を思いついたといわれています。

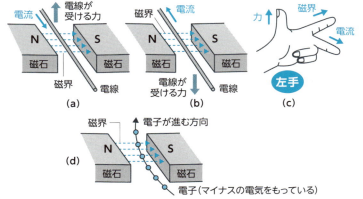

図 2-B **磁界の中で電流を流すと電線は力を受ける**

第3章
電波も光も同じ仲間

3-1 光も電磁波である

── 赤外線、可視光線からX線、ガンマ線まで

光と電波。一見まったく無関係のように思えますが、91ページで述べたように、マクスウェルの研究によって光も電波と同じ電磁波の一種であることが明らかになりました。

36ページの図1-19に示した電波の周波数をもっと高くすると光になります。電波の周波数は最大3THz（テラヘルツ）ですが、それ以上の周波数の電磁波は図3-1に示すように赤外線という光になります。光の場合は周波数ではなく波長λ（ギリシャ文字。ラムダと読む）で表わすのがふつうなので、図3-1では波長で示してあります。周波数3THzは波長に換算すると0.1mm（100μm）になります。

光というと私たちは目に見える光（可視光）を考えがちですが、目に見えない光の仲間もたくさんあり、**波長が長いほうから電波に続いて赤外線、可視光線、紫外線、X線、ガンマ（γ：ギリシャ文字）線となります**。光を赤外線、可視光線、紫外線に限定することもありますが、ここでは広くX線やガンマ線まで含めて扱うことにします。

このような電磁波は、波長によって性質が大きく異なります。後で述べるように、波長の短い電磁波ほどエネルギーが高く、紫

外線、X線、ガンマ線を長時間浴びると人体にとって有害、さらには危険です。

　波長の長い電波は広がりながら進んで街のすみずみまで届きやすいので、通信（とくに携帯電話）や放送などに広く利用されていることは35～38ページで述べた通りです。

　赤外線は物質に吸収されて熱エネルギーになりやすく、物を温める作用があります。太陽の光を浴びていると暖かくなるのは太陽光中の赤外線の効果です。また赤外線ヒーターや暖炉などの暖房器具などに利用されています。この赤外線は、波長が長い遠赤外線と波長が短い近赤外線に分けられます。近赤外線は性質が可視光線に近く、赤外線カメラや赤外線通信などに利用されています。

　赤外線より波長が短いのが可視光線です。可視光線は目の網膜を刺激し、私たちはいろいろな物を見ることができます。

　可視光線より波長が短い紫外線はエネルギーが高いので、皮膚に当たると日焼けを起こし、ときには皮膚ガンを引き起こすとさ

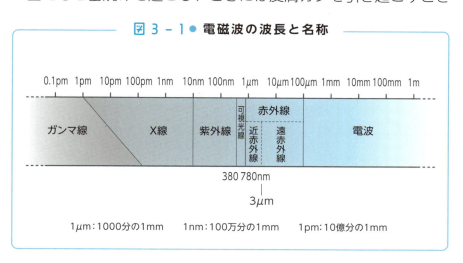

図 3-1 ● 電磁波の波長と名称

えいわれています。この性質を利用して紫外線は殺菌用に使われています。この紫外線は太陽光にも含まれていますが、上空のオゾン（O_3）層に守られて地上にはほとんど届きません。とくに波長の短い（200nm 以下）紫外線は上空の酸素分子や窒素分子に吸収されるので地上には届きません。しかし最近はオゾンホールが広がって地上まで紫外線が届くことがあると心配されています。

　紫外線より波長の短いＸ線はエネルギーが高いため透過力が強く、医療の分野でレントゲン写真やCTに利用されていますが、人体が浴びる量はきわめて少なく、影響はないと考えて差し支えない程度です。科学の分野でも透過力が強いという性質を利用して物体の内部を調べたり、波長が短いことを利用して結晶の構造を調べたりするのに使われます。

　さらに波長が短いガンマ線は放射線の一種で放射性元素から放出され、エネルギーが非常に強いので大量に浴びると生命の危険にさらされます。

3-2 物体の温度を上げていくと電磁波を発生する

―― 黒体放射のスペクトル

　鉄を火に入れて加熱すると、温度が600℃を超えたあたりから次第に赤みを帯びた色になり、さらに温度を上げていくと850℃くらいで桜色から明るい赤色になり、1000℃くらいで黄色、そして1300℃くらいになるとまぶしいような白色になります。鍛冶屋さんは、このようにして加熱したときの鉄の色から鉄の温度を知り、刃物の形に加工したり焼きを入れたりしています。高温になった鉄が赤色や黄色になっていくのはその色に相当する波長の電磁波（光）を出しているからです。

　温度が低いとき（といっても数百度）でも目には見えませんが、熱した鉄に手を近づけると熱く感じられるので赤外線が出ていることがわかります。そして次第に温度を上げていくと、目に見える色の光を出すようになります。

　このように色が変わっていくのは、物体の温度が高くなるにつれて波長の短い電磁波が放射されるようになることを意味しています。このとき波長の長い電磁波も放射されているので、人間の目にはいろいろな波長（色）の光が混ざって見えていることになります。

このように熱せられた物体が電磁波を放出する現象を「**熱放射**」といいます。昔から使われてきた白熱電球も、電気で高温に熱したタングステンから出る熱放射の光（電磁波）を灯りとして利用するものです。電球に触ると熱いのは同時に強い赤外線も出ているからです。

　温度と**物体から放射される光のスペクトル（波長に対する光の強度分布）**の関係を調べる研究は、19世紀の終わりごろ、とくにドイツで盛んに行なわれました。これには理由があります。普仏戦争（1870〜71年）で勝利をおさめたドイツは、フランスから鉄鉱資源が豊富にあるアルザス・ロレーヌ地方を獲得し、鉄鋼業の発展に力を注いでいました。産業革命の遅れを取り返そうと、重工業化による国力の増強を推進していたのです。その際、製鉄などの分野では高温で作業するので、適当な物理現象を利用して高い温度を測定する方法の確立が必要とされ、熱放射を利用することが注目されました。

　放射光のスペクトルが物体の種類によらず、温度だけで決まる理想的な物体があればいろいろな高温測定に利用できます。ブラックホールのように、入ってくるあらゆる波長の電磁波を完全に吸収してしまう物体を「**黒体**」といいます。光もあらゆる波長にわたってすべて吸収してしまい、真っ黒に見えるのでこのように名付けられました。この黒体を熱するとすべての波長の電磁波を放射します。これを「**黒体放射**」または「**黒体輻射**」といいます。

　理想的な黒体は存在しませんが、図3-2に示すような空洞の容器が事実上黒体と同じ働きをします。空洞の容器を熱すると、容器の内壁から空洞内に電磁波が放射されます。放射された電磁

図 3-2 ● 空洞放射

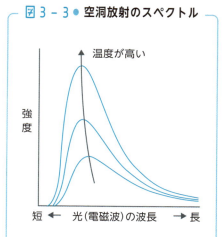

図 3-3 ● 空洞放射のスペクトル

波は再び内壁に吸収されますが、温度を一定に保っておくと、放射される電磁波と吸収される電磁波のバランスがとれて空洞内は電磁波が充満した状態になります。このとき、空洞内の電磁波は温度だけで決まるスペクトルを示すようになります。そこで空洞に小さな孔をあけ、そこから出てくる電磁波を測定すると、図3-3に示すような電磁波の強度（エネルギー）と波長の関係を示す曲線が得られます。これを「**空洞放射のスペクトル**」といいます。**温度を上げるとスペクトルの山（電磁波の強度）は高くなり、ピークは波長が短いほうに移動することが実験によって明らかになりました。**

物体は温度が低くても温度に対応したスペクトルの電磁波を出しています。肉眼では見えませんが、人体も体温に応じた波長の長い光、赤外線を放っています。赤外線カメラを使うと人の体は暗闇でも光って見えます。防犯カメラに赤外線カメラがよく使われるのはこうした理由からです。

このように物体の温度と放射する電磁波の波長とには密接な関係があることがわかりましたが、問題は当時の理論に基づいて空洞放射のスペクトルを計算すると、計算で得られた曲線と測定結果にずれが生じることでした。

　ドイツの物理学者**プランク**は、なんとか測定結果に合うようなスペクトル公式を導きこうと努力し、後に「**プランクの公式**」と呼ばれることになる有名な式を考え出しました（1900年）。このときプランクは、プランクの公式の理論的な裏付けとなる仮説として、空洞内に充満する光のエネルギー E は連続的に変化するのではなく、光の（1秒間の）振動数 ν（ギリシャ文字。ニューと読む）に定数 h をかけた値 $h\nu$ を単位とし、その整数倍の値（$h\nu$、$2h\nu$、$3h\nu$、……）しかとれないとしたのです。

　この振動数 ν は電波の場合の周波数と同じです。それまでの古典的な物理学ではエネルギーは連続的な値をとるものとされていたのが、$h\nu$ を 1 つの単位（「エネルギー量子」と呼ばれる）としたとびとびの値しかとれない、つまり不連続な値をとるのだという考え方はまさに革命的ともいえるものでした。そしてこの仮説は物理学に一大変革をもたらした量子論の発端となり、これが現代の物理学につながっています。

　この理論から、光のエネルギーは $h\nu$ となるので光の振動数に比例して大きくなります。つまり振動数が大きい光ほどエネルギーが大きいということです。また光の波長 λ は振動数に逆比例するので（$\lambda = c/\nu$、c:光の速度）、波長の短い光ほどエネルギーが大きくなります。これはこの後でもしばしば使われる大切なことなのでよく覚えておいてください。

プランクの公式で導入した定数 h は、後に「**プランク定数**」と呼ばれるようになる量子論のもっとも基本的な重要な定数です。

　プランクの公式に基づいて求めたスペクトル曲線は図 3-4 のようになり、測定結果とよく一致することがわかっています。図では温度の単位として "K" が使われていますが、これは絶対温度を表わします。私たちが日ごろ使っている "℃" という単位は、水が 1 気圧のもとで凍る温度を 0 度（0℃）としたものですが、絶対温度はこれ以上低くならない温度を 0 度（0K）としたもので、マイナス 273.2℃になります。

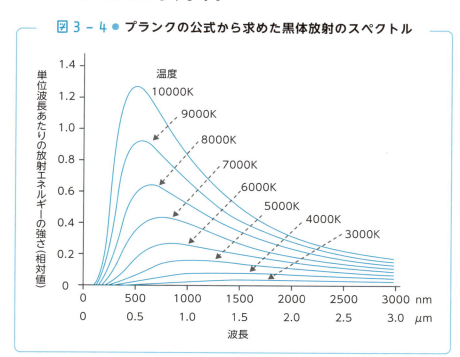

図 3 − 4 ● プランクの公式から求めた黒体放射のスペクトル

3-3 太陽や恒星が出す電磁波

―― スペクトルで星の温度を測る

　太陽は私たちにとってもっとも身近な光と熱を出す星です。太陽がなければ地球上に生物は存在できません。

　その太陽が出す光（電磁波）のスペクトルを測定すると、図3-5に示すように、プランクの公式で温度 T（絶対温度）を5800Kとしたときの曲線とよく一致します。このことから太陽は表面温度が5800Kの高温ガスの球体であることがわかります。さらにその上空にはもっと高温の彩層やコロナがあり、いろいろな電磁波を放出しています。表面温度が5800Kの太陽が放出する電磁波のピークは波長が0.48μmにあり、人間の目には緑色に見える波長です。人間が見ることができる可視光の波長はほぼ0.38μm～0.76μmの間にあり、人間（や多くの動物）は太陽が出すエネルギーが最大になる付近の波長に反応するように生まれてきたといえるでしょう。

　太陽は可視光線以外にも、波長の短い紫外線、X線、ガンマ線、波長の長い赤外線、電波などの電磁波も放出しています。このうち、太陽が出す放射エネルギーは可視光線が約47％、赤外線が約46％、紫外線が約7％で、X線やガンマ線、電波はごく微量です。地球に届いたこれらの電磁波は、図3-5にも示したように、

図 3－5 ● 太陽の放射スペクトル

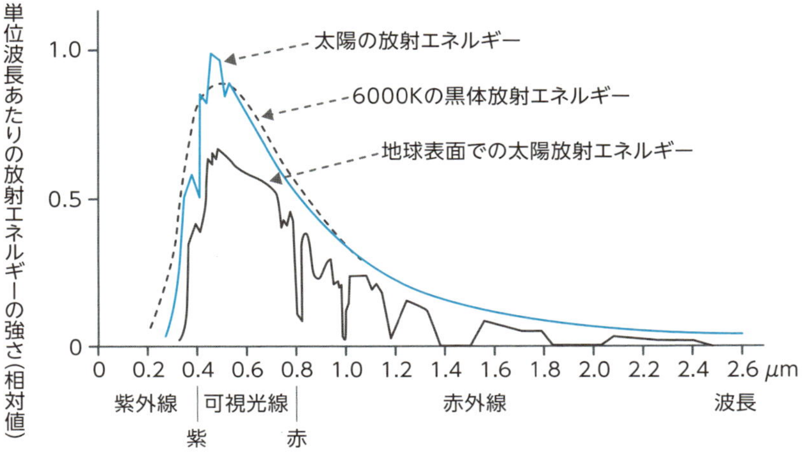

単位波長あたりの放射エネルギーの強さ(相対値)
1.0
0.5
0
太陽の放射エネルギー
6000Kの黒体放射エネルギー
地球表面での太陽放射エネルギー
0
0.2
0.4
0.6
0.8
1.0
1.2
1.4
1.6
1.8
2.0
2.2
2.4
2.6 μm
紫外線
可視光線
赤外線
波長
紫
赤

大気によって一部が吸収されるために組成が少し変わり、地表に到達するときには紫外線は減少し、危険なX線やガンマ線はなくなっています。私たち人間や動物は、地表に安定的に到達する可視光線や赤外線の恩恵を受けて進化してきたことがよくわかります。

広い宇宙には太陽に似た星（恒星）が多数あり、夜空を眺めるとさまざまな色をした星が輝いているのが見られます。恒星（太陽も同じ）は**核融合反応**＊によって高温になっていて、恒星の表面からは光が熱放射として放出されています。このとき、星の色は表面温度で決まり、表面温度が3000度くらいなら赤い星、6000度くらいなら黄色い星、10000度くらいになると白から青い星になります。

例えば、冬の夜空でもっとも明るい恒星はおおいぬ座のシリウ

スで、表面温度は10400度あり、白っぽく見えます。このシリウスとオリオン座のベテルギウスとで冬の大三角を形成するこいぬ座のプロキオンは表面温度が太陽よりも少し高い6650度あり、太陽よりも薄い黄白色に見えます。一方、夏の夜空で不気味に赤く光っているさそり座のアンタレスは表面温度が3500度と低いので、赤色に見えます。また春の夜空に輝くおとめ座のスピカは表面温度が17000度もあってきわめて高く、青白く見えます。

　このように星の色からその星の表面温度を推定できます。より正確に調べるには、星の光のスペクトルを測って118ページで紹介したプランクの公式から温度を求めます。

＊水素（H）の原子核が2個合体してヘリウム（He）の原子核をつくる反応で、その際にきわめて大きなエネルギーを発生します。水素爆弾（水爆）はこの原理を応用した核兵器です。

真赤な太陽

—— 夕日はなぜ赤い？

　子どもに太陽の絵を描かせると、たいてい赤か橙色に塗りつぶします。半世紀ほど前に美空ひばりが唄って流行った歌に、"真っ赤に燃〜えた〜、太陽だ〜から〜……"という歌詞がありました（「真赤な太陽」）。どうも太陽の色は赤だというイメージが定着しているようです。国旗の日の丸も赤です。

　ところが太陽の色は赤だと考えるのは日本だけのようで、欧米の国では太陽の色は黄色というのがほとんどです。映画「サウンド・オブ・ミュージック」で唄われている有名な「ドレミの歌」でも、"Ray, a drop of golden sun"（レは金色に輝く太陽のしずく）のように太陽は黄色に近い金色になっています。

　しかし、図 3-5（121 ページ）からもわかるように、太陽は赤から紫までのあらゆる色の光を出しています。この赤から紫までのすべての色の光を混ぜると白色になります。これが「白色光」と呼ばれる光で、太陽が出しているのはこの白色光です。昼間の太陽はまぶしくてよく見えませんが、白色かわずかに淡黄色を帯びた白っぽい色をしています（昼間の太陽を肉眼で見ると目を傷めるので絶対に避けてください）。

　写真 3-1（口絵参照）は昼間の太陽の写真ですが、たしかに白っ

ぽい色をしています。この写真は強い太陽光に合わせて撮影したため、光が弱い周囲の空は露出不足で黒くなっていますが、実際には青色です。宇宙船に乗って地球の大気圏外に出ると、太陽はこの写真のように黒い空の中に白く輝いて見えるはずです。

夕日は赤いなどとよくいわれますが、太陽が本当に赤く見えるのは大気中に水滴やチリなどが多く含まれているときで、ふつうは黄色かせいぜい橙色です（写真 3-2　口絵参照）。夕日が赤く感じられるのは、太陽を取り巻く大気が赤く染まっているので、その影響で太陽も赤いと思うのでしょう。

本来は白色のはずの太陽が夕日になるとなぜ黄色や橙など赤っぽく見えるようになるのでしょうか。太陽の光は地球の大気を通り抜けて地上に届きますが、波長の短い青や紫色の光は空気の分子などによって散乱されて一部が失われてしまいます。それでも

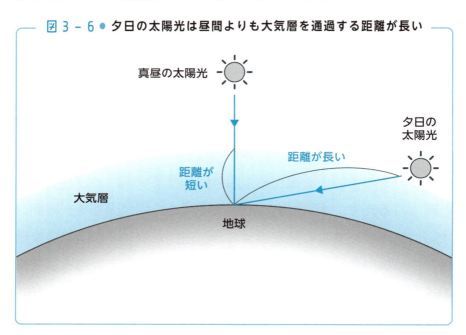

図 3－6 ● 夕日の太陽光は昼間よりも大気層を通過する距離が長い

昼間の太陽は頭上にあるので、光が通過する大気の層は短くてすみます。

　ところが夕日になると、太陽は地平線（水平線）の近くまで沈んできています。そのため太陽の光は大気の層を斜めに通過するので距離が長くなり（図 3-6）、波長が短い青系統の光は昼間より多く失われてしまいます。とくに地表面に近い層は水分も多く含んでいて、波長の長いほうの光も、次第に散乱や吸収によって地上まで届きにくくなります。そのため地上で私たちの目に届くときは波長の長い黄色や橙、赤系統の光の割合が多くなり、夕日は黄、橙、赤などに見えるようになるのです。これは朝日でも同じです。

3-5 X線は波長の短い電磁波
―― どうやって発生させるのか？

113 ページの図 3-1 に戻って電磁波の波長を眺めてみると、可視光より波長が短い領域に紫外線に続いて X 線があります。X 線は現在ではレントゲン写真に使われているので誰でも知っていますが、この X 線の存在がわかったのは 19 世紀末になってからで、実験中に偶然見つかったものです。

1895 年の秋深くなったころ、ドイツの物理学者レントゲンは放電管を使って実験を行なっていました。レントゲンが暗くした部屋の中で黒い紙で覆った放電管で実験をしていたところ、近くにあった蛍光板が蛍光を発して光っていることに気づきました。放電管と蛍光板の間に厚い本を置いても木の板を置いても蛍光は消えません。放電管の電圧を切ると蛍光は消えます。

このことから透過性が高い未知の放射線が放電管から放出され、それが蛍光板を光らせていると考えました。またあるとき、放電管と蛍光板の間に自分の手を入れたところ、蛍光板に手の骨の影が写っていることに気づきました。影ができるということはこの放射線が光と同様に直進していることを意味します。

レントゲンはさまざまな実験を行なった結果、この放射線は光に似た性質をもつ未知の放射線だと確信し、これを「X 線」と呼

びました。Xは数学の方程式で未知数を表わすのに使われる記号で、この放射線が未知のものであることからこのように呼んだのでしょう。レントゲンはX線の発見によって1901年にノーベル物理学賞を受賞していますが、20世紀になって始まったノーベル賞の受賞者第1号です。

　このX線の正体は、多くの研究者の努力にもかかわらず長い間不明のままでしたが、1910年代になって波長が光や紫外線よりもずっと短い1pm（ピコメートル。10億分の1mm）〜10nm程度の電磁波であることが明らかになりました。

　今日ではX線は主にクーリッジ管という真空管の1種で発生させています。

　図3-7はX線発生の原理を示したもので、真空にしたガラス管の中でフィラメント（陰極）に電流を流して高温に加熱すると、陰極から電子（熱電子）が飛び出します。そこで図の（a）のように陽極と陰極の間に1万〜10万ボルトの高電圧を加えると、

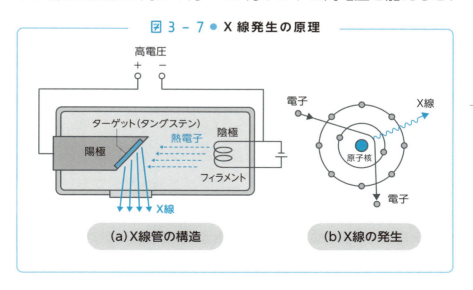

図 3 − 7 ● X線発生の原理

(a) X線管の構造　　(b) X線の発生

マイナスの電気をもつ電子はプラスの陽極に向かって加速されて陽極の金属ターゲット（タングステン）に高速で衝突しますが、このとき軽量の電子は光速（30万km／秒）の1/10〜1/5くらいまで加速されています。

　電子がこのくらいの速度で金属の表面に衝突すると、金属の中まで入っていくことができます。この電子がタングステンのような重い金属原子の中に入ると、その原子核には多数の陽子が含まれているので、マイナス電気をもっている電子は原子核の強いプラスの電気に引かれて急角度で進行方向が曲げられます（図の(b)）。このように高速で走る電子の進行方向が急激に曲げられるときにX線が発生します。

　電子が金属ターゲットに当たると、電子がもっていたエネルギーは金属内で消費されます。X線になるのはそのごく一部（1％程度）で、エネルギーの大半は熱になってしまいます。そのため金属ターゲットには熱に強いタングステンなどが使われ、X線管の冷却が重要になります。

　X線は波長の範囲が1pm〜10nmと他の電磁波に比べて広くなっています。このうち、比較的波長の長い（およそ0.1nm以上）X線を「軟X線」、波長の短い（およそ0.1nm以下）X線を「硬X線」と呼んで区別することがあります。

　X線と聞くと、ふつうの人は病院のレントゲン写真や、少し詳しい人ならCTで使われていることをイメージするかもしれません。しかし医療用だけでなく、科学の世界ではX線は結晶など物質の構造を明らかにしたり、元素濃度を測定したりすることなどに広く用いられる重要な研究手段です。

3-6 人体に危険なガンマ線
―― 減菌や消毒への利用も

　図3-1に示すように、X線よりもさらに波長の短い電磁波に**ガンマ線**があります。

　ガンマ線はウランやラジウムのような放射性元素の原子が崩壊するときに出る放射線の一つです。放射性元素の原子からはアルファ線（α線）、ベータ線（β線）、ガンマ線（γ線）の3種類の放射線が放出されますが、このうちアルファ線はヘリウム（He）の原子核（陽子2個と中性子2個）の流れであることがわかり、またベータ線は電子の流れであることがわかりました。これらは電気をもっているため、電界や磁界の中を通ると方向が曲げられます。しかしガンマ線は電界や磁界の中を通っても曲げられることなく直進します（図3-8）。これはガンマ線が光やX線と同じ電磁波の仲間だからで、波長が100pm以下の電磁波であることがわかりました。

　図3-1を見ると、X線とガンマ線の波長が一部で重なっているところがあります。このようにX線とガンマ線を分けるのは波長ではなく、電磁波の発生機構の違いです。**X線は原子の中で電子の軌道が変わるときに発生する電磁波で、ガンマ線は原子核が他の原子核に変わるときなど原子核内の状態が変わるときに発**

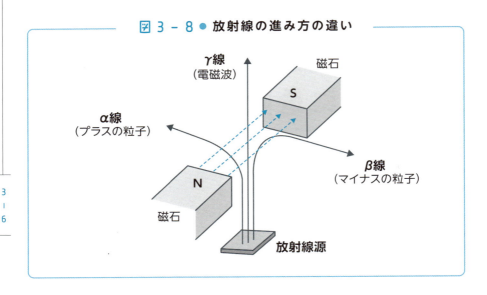

図 3-8 ● 放射線の進み方の違い

生する電磁波です。

　ガンマ線はエネルギーが非常に高い強力な電磁波で、人体が浴びると生命が危険です。核分裂を利用した原子爆弾からはガンマ線を含む放射線が大量に発生します。原子爆弾の被害者は、高温の熱による火傷や爆風で亡くなった人もいますが、ガンマ線を大量に浴びて亡くなった人も大勢います。

　このようにガンマ線はエネルギーが強いので、物質を透過する力はX線よりもはるかに強いという性質があります。このガンマ線を遮断するには少なくとも厚さ10cmの鉛板が必要です。ちなみに、放射線でもアルファ線は紙1枚で止められ、ベータ線は薄いアルミニウム板1枚で止められます（図3-9）。原子力発電所の原子炉からは核分裂によってガンマ線が発生しているので、炉全体を厚いコンクリートで覆ってガンマ線が外へ漏れないようにしています。

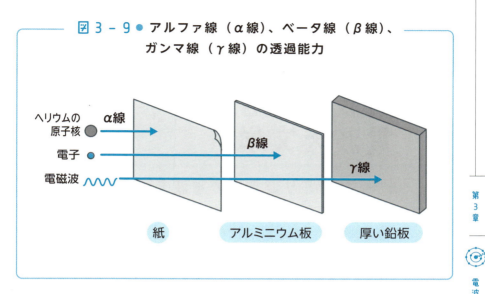

図 3 - 9 ● アルファ線（α線）、ベータ線（β線）、ガンマ線（γ線）の透過能力

　このように危険なガンマ線ですが、これをうまく利用して役立てているものもあります。有名なのは、病院でコバルト60から出る弱いガンマ線を照射するガン治療です。また、注射器、手術用糸、人工腎臓などにガンマ線を当てて細菌を殺して使う滅菌にも使われています。農業の分野では、動物の飼料にガンマ線を当てて消毒したり、ジャガイモの発芽を抑え、長期保存するのにも利用されています。

　こうした目的に使われるガンマ線は、他の電磁波と違って波長の違いは大して重要ではなく、強さで表わすのがふつうです。

　一般的なガンマ線源としてはコバルト60が使われています。一般に使われている金属コバルトは原子量が59の安定した元素ですが、原子量が60のコバルト60は人工的につくった放射性元素で、ベータ線とガンマ線を放出します。

131

3-7 電波で星を観測する電波天文学

―― サブミリ波までの電波を観測

　これまでに述べてきた電磁波は、広く宇宙からも地球に降り注いでいます。

　夜空を見上げるとたくさんの星が輝いているのが目に入ります。宇宙には光を放って輝く星が無数に存在していますが、私たちが目で見ることができるのは、星が可視光線を出しているからです。

　天文学は宇宙のことを研究する学問です。昔の天文学者は天体望遠鏡で星を見る、すなわち可視光線で天体を観測するという方法で宇宙を調べてきました。ところが天体は可視光線だけでなく、さまざまな電磁波を放出しています。可視光線を出さなくても、それ以外の電磁波を出し続けている天体はたくさんあります。このような天体からの電波を捉えて観測するのが電波天文学です。

　天体が放射している電波を見つけたのは偶然のきっかけからでした。

　1932年、アメリカ・ベル電話研究所＊の技師ジャンスキーは、当時盛んになりつつあった無線通信のじゃまになる電波雑音の状況を調べようと観測を行なっていました。彼は電波を受ける方向を変えることのできるアンテナをつくり、短波帯の雑音電波の到

来方向を調べていました。するとある方向の雑音電波の強さが一番大きいピークとなり、かつその方向は毎日1度ほどずれていって1年後にはまた同じ方向になることを見出しました。このことから、ジャンスキーは雑音の原因が地球の外の一方向から常にやってくる電波だと考え、それが天の川銀河の中心方向を仮定すると雑音電波のピークの方向の動きに合うことを見出しました。これが地球外からの電波を発見した最初です。

電波天文学は第2次世界大戦後に発達し、最初の頃は数百MHz帯の電波で観測していましたが、高周波技術の進歩とともに次第に周波数の高い電波を対象とするようになりました。現在ではマイクロ波からミリ波帯の観測が盛んに行なわれています。

宇宙からの電波を観測するための電波望遠鏡は、マイクロ波通信や衛星通信・衛星放送などで使われているパラボラアンテナ（66ページ参照）と同じです。ただ宇宙からの電波はきわめて微弱なので、パラボラアンテナの直径を数十mと大きくするか、多数のパラボラアンテナを並べてお互いに連携しながら電波を受信することで感度を高める方法をとっています。

日本にも各地に宇宙電波観測所がありますが、有名なのは長野県の野辺山高原にある**野辺山宇宙電波観測所**で、ここにはミリ波観測用では世界最大級（直径45m）のパラボラアンテナをもつ電波望遠鏡があるほか、多数のパラボラアンテナがあります（写真3-3、3-4）。これで1GHz〜150GHzの宇宙からの電波を観測しています。

また最近の話題は、南米チリのアタカマ砂漠に建設された多数のパラボラアンテナからなる**ALMA電波望遠鏡**で、このプロジェ

クトには日本も参加しています。アタカマ砂漠はアンデス山脈中の標高5000mの高地にあり、空気が薄く、砂漠で乾いているため水蒸気が少ないので、より高い周波数の電波の観測が可能です。そのためミリ波よりも周波数の高いサブミリ波までの電波（30GHz〜950GHz）を観測できるようにつくられています。

現在の電波天文学で観測されている天体からの電波（電磁波）には、発生のしくみの違いによって、①熱的放射、②シンクロトロン放射、③原子・分子のスペクトル線、の3つがあります。

①**熱的放射**　温度がある物体がその表面温度に対応した電磁波を放つ現象です。その中で電波望遠鏡が得意としているのは温度が低い現象です（温度が低いと主に電波が放射される）。これは118〜119ページで述べたプランクの公式にもとづく黒体放射の電磁波スペクトルに対応するものです。

写真 3-3 直径45mのミリ波望遠鏡のアンテナ

②シンクロトロン放射　真空中の光速度に近い速度で飛ぶ電子が、磁界によって曲げられる際に放射光と呼ばれる電磁波を出します。これが「シンクロトロン放射」です。X線から可視光、電波まで広い範囲の電磁波を出しますが、熱とは関係ない電磁波なので、「非熱的放射」とも呼ばれます。とくに電波の領域では強い電磁波を出していて、こうした現象が宇宙で起きていることは電波の観測によってはじめて発見されました。ジャンスキーが受信した電波はシンクロトロン放射によるものです。宇宙空間には磁場（磁界）が存在し、さまざまな作用を及ぼしているため、シンクロトロン放射の観測は宇宙磁場の研究に重要です。

③原子・分子のスペクトル線　熱的放射やシンクロトロン放射は幅広い波長の範囲にわたって電磁波を放射しますが、特定の波長のみを出す放射を「スペクトル線」（149ページ参照）といいます。

写真 3-4　多数のパラボラアンテナからなる電波望遠鏡

原子や分子あるいはそれに含まれる電子が何らかの理由でエネルギーを失うとき、そのエネルギーに対応する波長で電磁波の放射が起こります。この電子がエネルギーを失う前と失った後でのエネルギーの差が大きいほど放射される電磁波の波長は短くなります。このエネルギー差は原子や分子の種類によって決まっているので、特定の波長の電波を受信した場合は、そこに存在している物質の組成やエネルギーの状態を知ることができます。

宇宙には数億度という超高温から絶対温度で数度という超低温までさまざまな現象があります。これらの現象を観測するにはそれぞれの現象に適した波長の電磁波で宇宙を見なければなりません。例えば、電波は超低温に近いような非常に冷たい領域が、赤外線はおよそ数百度くらいの現象が観測できます。可視光から紫外線ではもっと熱い数千度という現象を見ることができ、太陽や他の恒星などがこれに当てはまります。さらに波長が短いＸ線やガンマ線を放出するのは星の爆発やブラックホールなど数万度から数億度というきわめて温度が高い現象です。また同じ天体でも、Ｘ線で観測すると可視光線や電波では捉えることができない現象を観測できることがあります。

このように電波望遠鏡で始まった宇宙の観測は、さらにＸ線へと観測範囲が広がっています。

＊アメリカ最大の電話会社 AT&T（アメリカ電話電信会社）の研究所で、1948年にはトランジスタを発明するなど通信関係では世界最大の研究所であった。ノーベル賞受賞者を何人も輩出している。

3-8 電波で宇宙の何がわかるか？
── ブラックホールと宇宙背景放射

　宇宙には肉眼で見える光（可視光線）だけではわからないものがたくさんあります。それを調べる一つの手段が前節で説明した電波天文学です。

　星と星の間の宇宙空間には「**星間物質**」と呼ばれる物質が存在し、恒星をつくる材料になっています。星間物質は水素を主成分とするガスと、ダストと呼ばれる1μm以下の固体の微粒子とでできています。可視光線で観測すると真っ暗で何も見えませんが、電波を出しているので電波を観測することによってはじめてさまざまな現象が起きていることがわかり、その詳しい様子を知ることができます。

　電波は光よりも波長が長く、ダストの平均的な大きさよりも十分長いため、小さな障害物の影響を受けることなく透過することができます。このようにして可視光では見えない宇宙の姿が見えるようになりました。

　また電波は低い温度の物質を捉えることができ、温度が低いダストで覆われた場所でも観測できます。さらに電波のスペクトルを調べることにより、こうした領域にどのような物質が存在するかを観測できます。

星間物質のガスやダストは星が爆発した後の名残で、同時にこれから星が生まれてくる場所でもあるので、宇宙や星の歴史を知る上で重要な場所といえます。

銀河がどのように誕生し、どのように進化してきたかということは天文学の大きなテーマの1つです。可視光線や赤外線で銀河を見ると、たくさんの星が集まって銀河を形成しているのがわかりますが、電波で銀河を観測すると、星と星の間には多くのガスやダストが存在することがわかります。このようなガスやダストの組成や分布を調べることで銀河の詳細な構造がわかり、銀河の成り立ちが明らかになると期待されています。

宇宙には光さえも逃れることができない非常に重力の大きな天体、**ブラックホール**があります。ブラックホールそのものは光をまったく出すことができないので、直接見ることはできませんが、その周辺のガスからは強い電磁波が出ています。かつてはブラックホールは理論的に存在が予想されていただけでしたが、銀河の中心などでは強い磁場が発生していたり、周辺のガスが回転する様子が電波による観測でわかってきました。こうした観測結果から銀河の中心にはブラックホールがあることがわかりました。

電波天文学によって得られた大きな成果の一つに、**ビッグバンの決定的な証拠を示す「宇宙背景放射」の発見があります。ビッグバンとは、今からおよそ138億年前に宇宙で大爆発が起こり、現在の宇宙が始まったとする説です**。この証拠となる電波を発見したきっかけはきわめて偶然の出来事でした。

1964年、ベル研究所（136ページ参照）に勤務していた2人の電波研究者**ペンジアス**と**ウィルソン**が通信電波の雑音を測定

していたところ、宇宙のあらゆる方向からやってくるマイクロ波の電波雑音を捉えました。その後、この電波雑音のスペクトルを詳しく調べたところ、**3K（絶対温度で3度）の黒体放射**（116ページ参照）と一致することがわかりました。これが宇宙背景放射で、密度がきわめて高く非常に高温だった大昔の宇宙が膨張するにつれて温度が下がり、3Kまで冷えたものと解釈できることから、ビッグバン宇宙論を支持する有力な根拠となっています。

この宇宙背景放射を詳しく観測するために、1989年11月、NASA（アメリカ航空宇宙局）は高度900kmの軌道に探査機（人工衛星）COBEを打ち上げ、電波望遠鏡で地球の大気にじゃまされることなく宇宙から到来する電波を測定しました。その結果、**宇宙背景放射は絶対温度が2.725Kの黒体放射に相当する**ことを突きとめることができました（図3-10）。

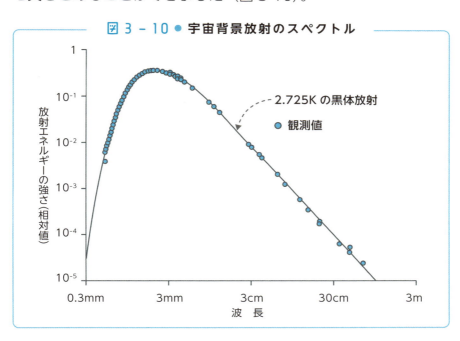

図3-10 ● 宇宙背景放射のスペクトル

3-9 光の窓、電波の窓

―― 大気圏外では宇宙からのX線をとらえることも

　地球には宇宙空間からさまざまな周波数の電磁波が到来していますが、地球を取り囲む大気にじゃまされずに地上まで届くのは図3-11に示すように大きく分けて2つの波長帯しかありません。1つは可視光線で、この光を利用して星などの天体を見ることができます。昔から天文学者たちは望遠鏡を使って、この可視光線で天体を観測してきました。もう1つが電波で、この電波を受けて光学望遠鏡では得られない宇宙の姿を捉えるのが前節および前々節で紹介した電波天文学です。

　<u>地球の大気に対して透明なこれらの波長域を「大気の窓」といい、前者を「光の窓」、後者を「電波の窓」呼んでいます</u>。私たちはこれらの窓を通して地球にいながら宇宙からのさまざまな情報を得ることができます。

　「光の窓」を通して地上まで届く光は波長が300nm〜1000nm（1μm）程度の範囲で、可視光線を中心に赤外線と紫外線の一部を含む電磁波です。これ以外の波長域では、大気に含まれる水蒸気やさまざまな分子（酸素、窒素、炭酸ガスなど）に吸収されて地上までほとんど届きません。人間にとって有害な紫外線の多くやX線、ガンマ線はこの窓の範囲外にあり、地上ま

で届かないので私たちは安心して生きていけます。電波は「電波の窓」を通して波長が数 mm 〜 30m 程度の範囲が地上まで届きます。波長が 30m 付近よりも長い電波（周波数が 10MHz 以下の電波）は上空の電離層（39 ページ参照）によって反射されてしまうので、地上までは届かなくなります。また、数 mm 以下の波長の短い電波も大気中の水蒸気や空気の分子に吸収されてしまうので、地上まで届きにくくなります。

　図 3-5（121 ページ）からも、太陽から来る電磁波のかなりの割合が大気の影響を受けて地上まで届かないことが読み取れます。「光の窓」を通過する光も少なからず影響を受けています。そのため昔から空気が澄んだ山の上に天文台がつくられてきました。ハワイ島のマウナケア山（海抜 4205m）の山頂付近には、わが国最大の「すばる天体望遠鏡」をはじめ、大型の天体望遠鏡

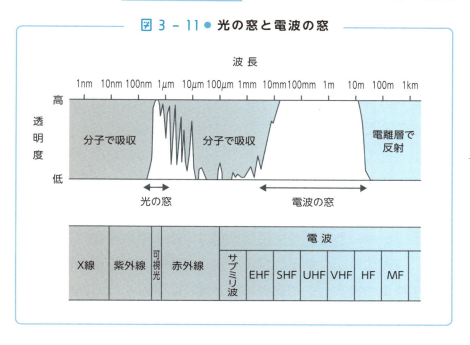

図 3 – 11 ● 光の窓と電波の窓

が多数設置されているのはこのような理由からです。

　また電波望遠鏡でも、遠い宇宙から到来する微弱なミリ波、サブミリ波の電波を観測するためのALMA望遠鏡は、チリの海抜5000mの高地アタカマ砂漠に建設されています。ミリ波やサブミリ波の電波は、地球の大気に含まれる水蒸気によって激しく吸収されてしまうため、空気が薄く、乾燥したこの地が選ばれたのです。

　この2つの窓枠からはずれた電磁波を観測するには、地球の大気圏の外に出なければなりません。

　今日ではロケットや人工衛星などを利用できるようになり、大気圏外で宇宙からくる広範囲の電磁波を観測できるようになりました。その1つが「光の窓」の外にあって地上まで届かない宇宙のX線で、太陽コロナが出すX線をはじめ、X線を出す天体が観測衛星によって多数発見されました。これらの研究分野はX線天文学と呼ばれ、電波天文学と並んで宇宙の構造と進化を捉える大きな柱となっています。

　宇宙背景放射の詳細なデータ（139ページの図3-10）も人工衛星を使った観測によってはじめて得られたものです。

　また「光の窓」の枠内であっても、天体望遠鏡をロケットで大気圏外に打ち上げれば、大気の揺らぎにじゃまされずに鮮明な天体写真を撮ることができます。1990年に高度560kmの軌道に打ち上げられたハッブル宇宙望遠鏡は、地上では得られないようなたくさんの鮮明な宇宙の写真を送ってきたことで有名です。

　人工衛星で観測した写真や電磁波などのデータは、衛星上で電気信号に変えられて電波で「電波の窓」を通して地上に送られます。

3-10 オーロラの光と色

―― オーロラもネオンサインも同じ原理

　日本ではほとんど見られませんが、北欧かアラスカやカナダの高緯度地方に行くと、夜空に音もなく華麗に舞う神秘的なオーロラの姿を眺めることができます。もっとも肉眼で見ると、なかなか鮮やかな色には見えず、どちらかといえば乳白色をしていて、初めて見るとオーロラか雲か区別がつきにくいものです。これはオーロラの光があまりにも淡いからで、人間の目が色を識別できるには少なくとも0.5～1ルクス以上の明るさが必要とされています（図3-12）が、オーロラの明るさはそれ以下です。

　1ルクスとはロウソクから1m離れたところの照度程度で、ちょうど満月の夜の明るさくらいです。ところがふつうのオーロラは、明るさが0.01～0.1ルクス程度（ロウソクから3m～10m離れたところの明るさ程度）なのでほとんど無彩色に見えてしまいます。もっとも明るいオーロラは1ルクスくらいの明るさになることがあるので、その場合には淡いながらも色を見分けることができるかもしれません。

　オーロラをカメラで写真に撮ると、露出時間を長くすれば十分な光量を取り込むことができるので、はっきりと色のついたオーロラの姿を捉えることができます（写真3-5　口絵参照）。多く

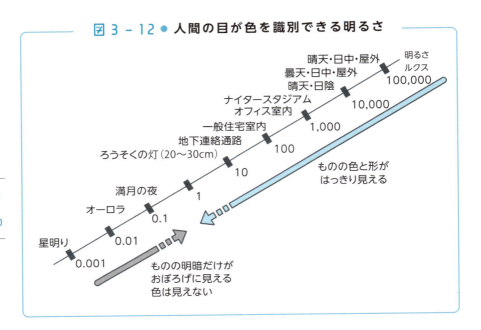

図 3 - 12 ● 人間の目が色を識別できる明るさ

の場合、緑色のオーロラが観測されますが、運がいいと赤いオーロラを見ることもできます。また青やピンクのオーロラが現われることもあります。

　このようなオーロラのエネルギー源は、太陽から飛来した**プラズマ流（原子がプラスの陽子とマイナスの電子に分かれてできた粒子の流れ）**です。これは「太陽風」と呼ばれ、100万度以上の高温のコロナから噴き出されて3日間ほどで地球に届きます。このプラズマ流は電気を帯びた粒子の流れで、銅線と同じような電気の伝導体です。

　地球は大きな磁石なので、プラズマ流が地球の磁力線を横切ると伝導体の中に電流が生じ、発電機と同じ原理で電力を発生します（109ページのコラム参照）。この電力はきわめて大きく、10億kW（原発1000基分に相当）にも達する巨大なプラズマ発

電所です。こうして生じた電力の一部が地球の高緯度地方の上空で放電現象を起こし、オーロラを発生させるのです。

太陽からのプラズマ流に乗って運ばれてきた電子がプラズマ発電所の電力でつくられた高電圧（正確には強い電界）によって加速され、上空の空気の原子（や分子）に衝突すると、図3-13（a）のように原子の中の電子はそのエネルギーを受けて<u>励起状態</u>になります（詳しくは159〜161ページのコラム参照）。励起状態になった原子はやがてもとの<u>基底状態</u>に戻りますが（同図（b））、その際に電子軌道のエネルギー差に相当する波長の色の光を放出します。これがオーロラの光です。

軌道のエネルギー差は原子の種類で決まるので、放出されたオーロラ光の波長もそれで決まってしまいます（図3-14）。衝突した電子のエネルギーが大きければ原子の軌道を回っている電子はエネルギーレベルの高い軌道に励起され、それがもとの軌道に戻る際のエネルギー差が大きいので波長が短い青色の光を放出し

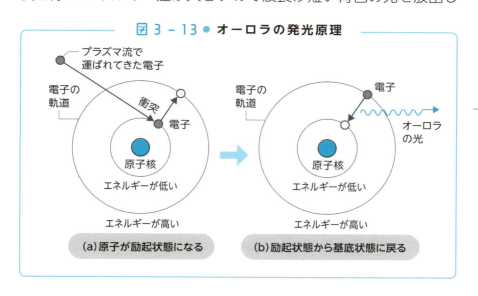

図3-13● オーロラの発光原理

(a) 原子が励起状態になる　(b) 励起状態から基底状態に戻る

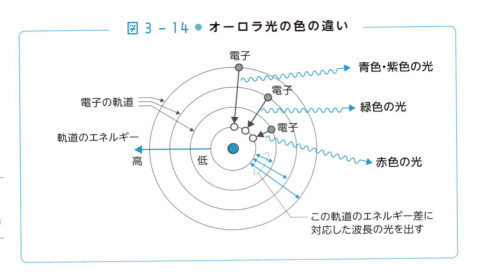

図 3-14 ● オーロラ光の色の違い

ます。エネルギーが中くらいなら緑色の光、エネルギーが低ければ赤色の光になります。

　オーロラは地上 80km 〜 500km 程度の上空で発生します。オーロラが十分な光を出すには一定数以上の空気の原子・分子が必要ですが、500km 以上の上空では空気が足りません。逆に空気の密度が大きすぎると、電子が衝突して励起状態になった原子が基底状態に戻るまでの間に他の原子や分子に衝突してエネルギーを失ってしまい、光を出すことができません。また電子も途中で空気の原子・分子にぶつかってしまい、あまり低いところまでは届かなくなります。このような理由から、オーロラが光る高度が決まります。

　オーロラの色は上空の空気の原子・分子の種類によって決まり、主に緑、赤、青、ピンクなどに限られます。緑色のオーロラは酸素原子によるもので、100km 〜 200km の高さで発生します。赤いオーロラも酸素原子によるもので、色の違いは励起された

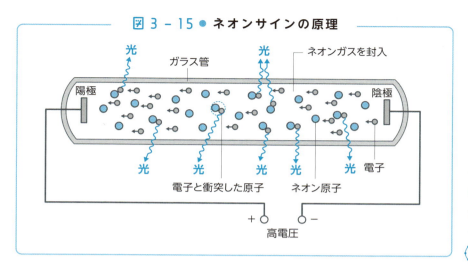

図 3 – 15 ● ネオンサインの原理

きの電子の軌道の違いです。高度 200km 以上で発生します。

写真 3-5（口絵参照）のオーロラに見られる緑色と赤色の境目がだいたい 200km の高度と考えられます。青色のオーロラは窒素分子によるもので、高度 80km 〜 120km 付近で発生するのでカーテン状のオーロラのすそのあたりで見えます。また励起された状態の違いによって赤色を発することもあり、その場合は青と赤が混ざったピンク色のオーロラが見られます。

このようなオーロラは上空で起こる自然の放電現象ですが、一般に放電現象は高速の電子が気体の原子に衝突して原子を励起状態にし、それが基底状態に戻るときに気体の原子で決まる波長の光を発生する現象です。これを人工的につくったのが放電管で、夜の繁華街を飾るネオンサインはその代表例です。つまりネオンサインはオーロラと同じ原理で光を発生させているものです。

図 3-15 はネオンサインに使われる放電管の原理を示した図です。ガラス管を真空にしてネオンガスを 0.002 〜 0.004 気圧程

度の低い気圧で封入しておき、ガラス管の両端に置かれている電極（陽極と陰極）に 1000 ボルト以上の高電圧を加えます。すると陰極から飛び出したマイナスの電子が高電圧によってプラスの陽極に向かって加速されて進み、途中でネオンの原子に衝突すると原子を励起状態にします。この励起状態がもとの基底状態に戻るときにオーロラの発光と同じ原理で赤い光を発します。これがネオンサインになります。封入したガス（気体）がネオンなのでネオン原子で決まる赤い光を放出しますが、水銀、アルゴン、窒素など他の元素のガスを封入すれば他の色を出すことができます。

いろいろな物質が出す光のスペクトル

―― 励起状態の原子が元に戻るときに

　3-2節で述べたように、いろいろな物体を高温に熱すると光（電磁波）を出しますが、これは黒体放射に近く、プランクの公式で表わされる波長をすべて放射するので、そのスペクトルは連続していて「連続スペクトル」と呼ばれます。太陽光や電灯の光などは連続スペクトルです。

　これに対して、前節で述べたオーロラやネオンサインなどが発する光は色（波長）が決まっていて、スペクトルは何本かの波長を示す線になります。そのため「線スペクトル」または明るい光を発するので「輝線スペクトル」と呼ばれます。線スペクトルは元素によって波長が決まるので、線スペクトルの波長を調べればその光がどの元素（の原子）から出たものかを特定することができます。

　ここで原子の構造が一番簡単な水素（H）原子が出す線スペクトルについて見てみましょう。

　水素の気体を放電管の中に封入して減圧し、高電圧を加えると放電現象を起こして赤紫色の光を発します。この光を波長ごとに分けて取り出せる分光器を通して調べると、図3-16に示すよう

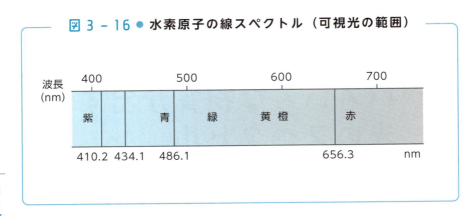

図 3 - 16 ● 水素原子の線スペクトル（可視光の範囲）

に4本の線スペクトルが認められます。図は可視光の範囲内だけを示したもので、実際には目に見えない紫外線や赤外線の範囲にも多数の線スペクトルが存在しています。

　このような線スペクトルは、コラム（159～161ページ）の図3-Cで示すように、原子が励起状態になって、電子がエネルギーが高い外側の軌道から、エネルギーが低い内側の軌道に戻る際に発する光が、そのエネルギー差に対応した波長になることを表わしています（オーロラやネオンサインと同じ）。線スペクトルが何本もあるのは、電子がどの軌道からどの軌道へ移るかという組み合わせが複数あるからです。

　これを水素原子について示したのが図3-17です。水素原子が外部からのエネルギーを受けて励起状態になるとき、一番内側の軌道を回っていた電子はエネルギーレベルが高い外側の軌道に移ります。どの軌道に移るかは原子が受けたエネルギーによって決まります。同じ放電管の中の原子でも、1つ1つの原子が受け取るエネルギーは少しずつ違います。外側の軌道に移った電子は状態が不安定なので、内側の軌道に移って安定な状態に戻ろうと

します。そのときどの軌道に移るかは条件によってさまざまです。

　図3-16の4本の波長は、図3-17に示すように、原子内で電子が回るL殻の軌道（コラムの図3-B参照）に向けて外側のM殻、N殻、O殻、P殻の軌道から電子が移った際に出す光に対応します。この光の波長には一定の規則性があることがスイスの女学校の教師だった**バルマー**によって発見され（1884年）、「**バルマー系列**」と呼ばれています。水素の線スペクトルにはバルマー系列以外にも多数の系列があり、例えば一番内側のK殻の軌道に電子が移る際に発する光（すべて紫外線）の波長系列は「**ライマン**

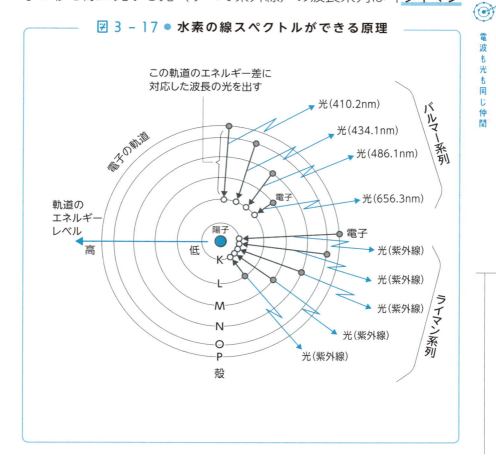

図3－17 ● 水素の線スペクトルができる原理

系列」と呼ばれています。

　水素以外の物質も、外部からエネルギーを加えられると同じように原子が励起状態になり、もとの状態に戻るときにその物質（元素）で決まる線スペクトルをもった光を発します。そこでその光の線スペクトルを調べれば、その物質がどのような元素であるかがわかり、これをスペクトル分析といいます。

　皆さんは台所で料理中に、鍋の煮汁が吹きこぼれてガスの炎が一瞬黄色になった経験はありませんか。これは**炎色反応**と呼ばれるもので、ある種の元素（アルカリ金属やアルカリ土類金属など）を含む試料を無色で高温の炎の中に入れると、炎は元素固有の線スペクトルに対応した色を示します。この色は原子が励起されて発する線スペクトルのうちで、ある波長の光がとくに強いために生ずるものです。これを利用して、未知の試料が何であるかを調べる定性分析を行なうことができます。例えば、食塩（NaCl）の炎色反応ではナトリウム（Na）が発する黄色の炎色になります。先ほどの煮汁が吹きこぼれてガスの炎が黄色になったのは、煮汁の中の食塩が炎色反応を起こしたものです。

　夏の夜空に打ち上げられる大きな花火は、いろいろな色に彩られて見ている人々の歓声を誘いますが、これも炎色反応を利用したものです。この花火の色は火薬とともに入れる元素の化合物によって決まります。例えば、赤はストロンチウム（Sr）、橙はカルシウム（Ca）、黄はナトリウム（Na）、緑はバリウム（Ba）、青緑は銅（Cu）、などを気化しやすい化合物にして使います。

3-12 スペクトルで宇宙の物質を調べる

―― その天体の速度、宇宙の膨張まで

　前節で述べたように、高温の物質に含まれる原子はその元素の種類に応じた特有の波長（輝線スペクトル）の光を放出します。これに対して低温の物質に含まれる原子は、その元素の種類に応じた特有の波長の光を吸収します。これを「<u>吸収スペクトル</u>」といい、その元素の輝線スペクトルと同じになります。高温のガスと観測者の間に低温のガスがあると、低温のガスを構成している原子やイオンなどの粒子がそれぞれ固有の波長の光を吸収するので、吸収スペクトル（吸収線）が観測されます。

　太陽光は連続スペクトルですが、そのスペクトルを詳しく調べると、その中に何本かの暗い線（<u>暗線または吸収線</u>）があることがわかりました。この吸収スペクトルを詳細に調べたのはドイツの<u>フラウンホーファー</u>で（1814年）、太陽スペクトルの中の多数の暗線は彼の名をとって「<u>フラウンホーファー線</u>」と呼ばれています。

　図3-18（口絵参照）は太陽光のスペクトル中に見られるフラウンホーファー線が表わす代表的な元素を示したものです。この中には、地球の大気層による吸収（酸素分子の吸収）も含まれて

いますが、大部分は太陽表面のガスにより吸収されたものです。

　吸収されるガスの粒子数が多ければ暗線も強く現われるので、フラウンホーファー線を調べることによって太陽大気中に存在する元素の種類や存在量がわかります。その結果、太陽大気のガス成分は、水素が 70.7%、ヘリウムが 27.4%、その他の元素が全部で 1.9%（いずれも質量比）であることがわかりました。太陽は、核融合反応で水素がヘリウムに変換されて高温の熱を発生しているので、主に水素とヘリウムからできていることがわかります。

　なお図 3-18 のフラウンホーファー線の中で、水素の吸収スペクトルは図 3-16 に示した水素の輝線スペクトルの波長と完全に一致しています。

　このように太陽光の輝線と暗線を分析すれば、直接行って調べることができない太陽にどのような物質（元素）が存在するかを知ることができます。太陽だけでなく、地球から何千光年、何万光年、何億光年も離れた天体でも、そのスペクトルを調べればその天体にどのような元素が含まれているかがわかります。

　さらにスペクトル線の波長のずれからその天体の速度（地球から見た方向と速度）を測定できます。光も波なので、音や電波と同様に**ドップラー効果**（60 〜 61 ページ参照）が起こります。天体が太陽系に近づいていればフラウンホーファー線の波長が短いほう（青色のほう）に推移し、遠ざかっていれば波長が長いほう（赤色のほう）へ推移します。この波長の変化分からその天体が太陽系に近づいているのか遠ざかっているのか、速度まで含めてわかります。宇宙が膨張しているというのはこのような測定から得られたものです。

スペクトル観測によってわかるのは、まず天体の組成と運動に関する情報、スペクトル線の強さ（ある波長での光の放射や吸収の量）から天体の組成、すなわち光の放射や吸収に関与する原子や分子がどのくらいあるか、ドップラー効果による天体の速度、などです。さらに元素レベルでの組成だけでなく、天体の温度や圧力についての情報も得られます。

　このようにして行なわれた研究が恒星のスペクトル分類です。点にしか見えない恒星は形状からは分類できませんが、スペクトル分析を行なうと水素をはじめとするさまざまな元素による吸収線が観測され、天体による違いを明らかにできます。さらに低温のためこれまでの可視光による観測では暗すぎてわからなかった新しい星も見つかりました。これは星の内部では核融合によってエネルギーをつくりだすことができないために温度が低い褐色矮星と呼ばれる天体で、赤外線波長に見られる水蒸気やメタンといった分子スペクトルによって存在がわかったものです。

　このようにスペクトル分析が天体観測に用いられるようになって天文学は一変しました。それまではもっぱら天体の位置や形状を調べることで宇宙の姿を把握しようと努力してきましたが、スペクトル観測を行なうことによって太陽だけでなく、宇宙の星がどのような物質でできているのかを知ることができ、さらには宇宙が膨張しているということまでが明らかになったのです。

3-13 「第2の地球」を探そう

—— 吸収スペクトルから大気を分析する

　私たちの興味を引く最近の天文学上の話題は「第2の地球」の存在でしょう。「第2の地球」とは、地球と同じような環境をもち、大きさも似たような惑星のことで、このような惑星には生命が存在しているのではないかという期待があります。この「第2の地球」の発見にもスペクトル分析が活躍しています。

　残念ながら太陽系には第2の地球は存在しません。何億年か前には地球の隣の火星に生物が存在したのではないかといわれていますが、現在では生物が住むには大気がほとんどなく、温度も低すぎて環境が厳しすぎます。もう片方の隣の金星は表面温度が470度という高温で、生命が生きていける環境ではありません。幸いなことに私たちの地球は太陽からちょうどよい距離にあるといえます。このように恒星（太陽も恒星です）から適当な距離で、生物に不可欠な水が液体で存在できる領域を「ハビタブルゾーン(生命居住可能領域)」（図3-19）といいます。太陽系でハビタブルゾーンにある惑星はわが地球だけです。

　そこで太陽系外で地球に似た惑星を探すことになります。天体望遠鏡で探しても恒星は点としか見えないので、それよりはるかに小さい惑星を肉眼で探すのはとても無理です。そこで次のよう

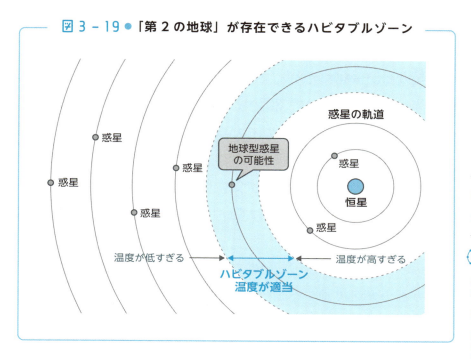

図 3-19 ●「第 2 の地球」が存在できるハビタブルゾーン

な方法で惑星を探します。

　恒星に惑星がある場合、惑星が恒星の前を横切るたびに恒星の明るさが周期的にわずかに暗くなります。これを検出すれば惑星があることがわかり、暗くなる割合と周期から惑星の大きさが計算で求められます。しかし明るさの変化はきわめて小さいので、地上では大気の揺らぎのためうまく検出できません。そこでアメリカの NASA は、2009 年に太陽系外の宇宙空間でこのような惑星を探すための専用の**ケプラー宇宙望遠鏡**を打ち上げて、これまでに 5000 個近い惑星を発見しました。そのうちの何個かはハビタブルゾーンにあり、岩石質の惑星であることがわかりました。ここには液体の水が存在する可能性があります。

　さらに NASA は、2018 年にケプラー宇宙望遠鏡よりも高性

能な宇宙望遠鏡 TESS を打ち上げて、より広い範囲で第 2 の地球の発見を目指しています。

　恒星から直接届く光と、恒星の周りを回る惑星の大気を通して届く光をスペクトル分析で調べると、惑星の大気を通して届いた光は一部が欠けていることがわかります。どの色（波長）の光が欠けているかを調べれば吸収スペクトルから大気の成分がわかります。赤外線が欠けていれば大気中に水蒸気（H_2O）や炭酸ガス（CO_2）があり、紫外線が欠けていればオゾン（O_3）があることになります。

　このようにして大気の成分がわかると、惑星に生命が存在しているかどうかを推測することができる可能性があります。例えば大気中には酸素が必要です。地球の大気には約 2 割の酸素が存在していますが、この割合は生命がないと維持できません。酸素はさまざまな物質（鉄など）とすぐに化合してしまうからです。もし惑星の大気中にオゾンや酸素が見つかれば、酸素を生み出す生命が存在する可能性があります。

　現在、世界中の天文学者が惑星の大気中の成分を検出しようと努力していますが、残念ながらまだそこまでは至っていません。しかし、第 2 の地球を探す研究はここ 20 年ほどで大きく進展しました。これからはさらに大型の天体望遠鏡も建設中で、「第 2 の地球」候補の惑星が次々と見つかるかもしれません。

ぶつりの窓

原子の構造

　原子の構造を簡単に示すと、図 3-A のように原子核の周りを電子が回っているというモデルで考えることができます。図の (a) は元素の周期表の最初に出てくる水素原子（H）を示したもので、電子は 1 個だけですが、他の元素の原子では電子の数はもっと多くなります。例えば酸素原子（O）には 8 個の電子があり、原子核の周りを回っています。

　電子は決められた軌道の上だけを回ることができ、酸素原子の場合は図の (b) に示すように、内側の軌道に 2 個、外側の軌道に 6 個あります。電子はマイナスの電気をもっているので、原子核には電子の数と同じ数のプラスの電気をもった粒子（陽子）が含まれています。そのため原子全体では電気はプラス・マイナス・ゼロで電気的に中性です。

　原子に含まれる電子の数（陽子の数も同じ）は元素ごとに決まっていて、元素の原子番号と同じ数です（元素の周期表を見るとわかります）。例えば、原子力発電に使われるウラン（U：原子番号 92）の原子では原子核の周りを 92 個の電子が回って

図 3-A **原子の構造**

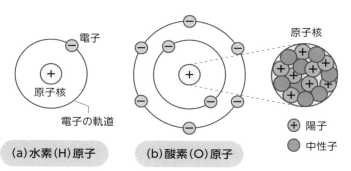

いて、原子核には 92 個の陽子が含まれています（この原子核には陽子の他に 134 〜 148 個の中性子が含まれる）。

　電子の軌道は原子核を飛び飛びに取り囲む「**電子殻**」（略して「殻」と呼ぶ）という薄い層の中にあって、電子は原子ごとに決まった殻の中にしか存在しません。その殻には図 3-B に示すように内側から K、L、M、N、……と記号が付けられています（実際の電子の軌道はもっと複雑ですが、ここでは話をわかりやすくするために単純化して示してあります）。

　それぞれの殻に入ることのできる電子の最大数は決まっていて、K には 2 個、L には 8 個、M には 18 個、N には 32 個、……となっています。また、それぞれの殻のエネルギーレベルが決まっていて、内側の殻ほどエネルギーが低く、外側へいくほどエネルギーが高くなります。電子はエネルギーが低い状態ほど安定するので、多数ある電子は内側の殻から順番に埋まっていきます。

　図 3-C の原子のモデルにおいて、電子がエネルギーレベルの低いほうの殻の軌道で埋まっている状態を「**基底状態**」と呼びます。この状態で外部からエネルギー（熱、光、外部電子の衝突など）が与えられると、電子はそのエネルギーを吸収して高

図 3-B　電子は電子殻に入る

電子殻
- N殻（32）
- M殻（18）
- L殻（8）
- K殻（2）

（　）の数字は殻に入る電子の最大数

いエネルギーレベルの殻の軌道に移ります。この状態を「**励起状態**」といいます。

　ところが励起状態は原子にとって不安定な状態なので、すぐに電子はもとの殻に戻り、「基底状態」になります。このとき、2つの殻のエネルギー差に相当する波長（振動数）の光を放出します。すなわち118ページで説明したように、プランクが示したエネルギー $E = h\nu$（h：プランク定数、ν：振動数）で決まる振動数 ν の光を放出します。このエネルギー差は原子ごとに異なるので、原子（元素）の種類によって出す光の波長（色）が決まります。

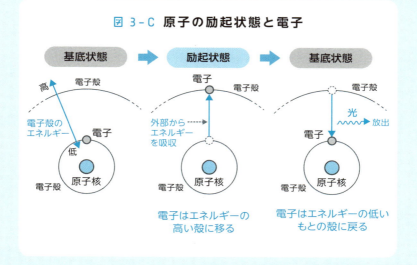

図 3-C　**原子の励起状態と電子**

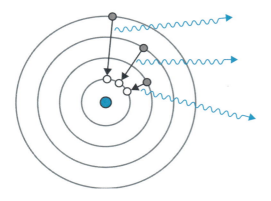

第4章

光の
さまざまな性質

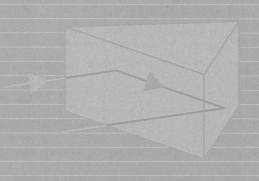

4-1 光は波の性質をもっている

── ヤングの光の干渉実験

　光は電波よりも波長が短いだけで、電波と同じように、直進、回折、反射、屈折、干渉といった波としての性質をもっています。22〜29ページに示した電波に関する説明図のうち、図1-9〜図1-15（図1-12を除く）は電波を光に置き換えればそのまま光にも当てはまります。このように光は長い間、電波と同じように波であると考えられてきました。

　これをはっきり証明したのは、19世紀初めにイギリスの物理学者ヤングが行なった干渉実験です。

　図4-1はヤングによる光の干渉実験の原理です。図の（a）において、同じ光源から出た光（単色光とします）は衝立にあけられたきわめて小さな隙間（スリット）S_1とS_2を通って回折し、図の右方向へ拡がりながら進んで衝立と平行に置かれたスクリーンに当たります。光が波であれば、S_1とS_2を通った2つの波はスクリーン上で重なって、31ページの図1-16に示したのと同じ干渉を起こします。図1-16は電波の場合を示したので、山と山、谷と谷が重なれば電波は強くなり、山と谷が重なると電波が弱くなると説明しましたが、光の場合は山と山、谷と谷が重なると光が強く（明るく）なり、山と谷が重なると光が弱く（暗く）

図 4-1 ● ヤングの光の干渉実験

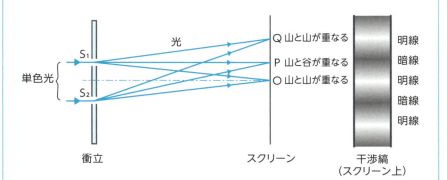

(a) 光の干渉により干渉縞が現われる

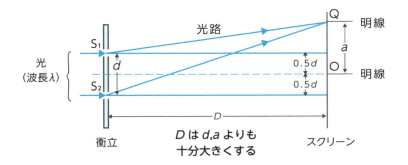

$$\overline{S_1Q} = \sqrt{D^2 + (a-0.5d)^2} = D\sqrt{1+\left(\frac{a-0.5d}{D}\right)^2} \fallingdotseq D\left\{1+\frac{1}{2}\left(\frac{a-0.5d}{D}\right)^2\right\}$$

$$\overline{S_2Q} = \sqrt{D^2 + (a+0.5d)^2} = D\sqrt{1+\left(\frac{a+0.5d}{D}\right)^2} \fallingdotseq D\left\{1+\frac{1}{2}\left(\frac{a+0.5d}{D}\right)^2\right\}$$

$$\overline{S_2Q} - \overline{S_1Q} = \frac{1}{2D}\left\{(a+0.5d)^2 - (a-0.5d)^2\right\} = \frac{d}{D}a$$

(b) 光の干渉の計算

なります。

　スクリーン上の点 O は S₁ と S₂ のちょうど中間にあり、S₁ と S₂ から等距離になるので、2つの隙間を通ってきた光は O のところで山と山、谷と谷が重なって到着します。その結果、山と谷の高さが2倍になり、その分だけスクリーン上の O のところは明るくなります。次に O から少しずれたスクリーン上の点 P では、S₂-P の距離が S₁-P の距離より光の半波長分だけ長くなります。その結果、P では S₁ と S₂ から到来した2つの光の山と谷が重なるので暗くなります。さらにもう少し離れた点 Q では、S₂-Q の距離は S₁-Q の距離より光の1波長分だけ長くなり、2つの光はふたたび山と山、谷と谷が重なるようになります。その結果、Q ではまた明るくなります。

　S₁ および S₂ からスクリーン上のある位置までの距離の差（光路差）が光の波長の整数倍になれば、波の山と山、谷と谷が重なるのでその位置は明るくなります。距離の差が光の半波長の奇数倍になると、波の山と谷が重なるのでその位置では暗くなります。このようにしてスクリーン上には明るい線（明線）と暗い線（暗線）が交互にできて縞模様になります。これが光の干渉で、干渉によってできた縞模様を「干渉縞」といいます。ヤングが行なった実験でも、スクリーン上に O を中心にして光の明るい線と暗い線が交互に現われて干渉縞ができ、光が波であることを示す証拠となりました。

　スクリーン上に明線と暗線が現われる位置は光の波長と関係があります。図 4-1 (b) に示すように、衝立にあけたスリットの間隔を d、衝立とスクリーンの間の距離を D、光の波長を λ、

とおくと、スクリーン上の隣り合った明線の間隔 a は、S_2Q と S_1Q の光路差が波長 λ に等しいときの値なので、図に示した計算から $D\lambda/d$ となります（D は d および a よりも十分大きいとします）。D と d の値はわかっているので、明線の間隔 a を測れば光の波長 λ を計算して求めることができます。

この計算式を導くのは少し複雑ですが、図に示しておいたので興味のある方は自分で計算してみてください（図ではピタゴラスの定理を使って求めています）。

さらに19世紀中ごろになると、マクスウェルが電磁波の理論を発表し（88ページ参照）、光も電波と同じ仲間であることが理論的に証明されて、光は波であるという考えが定着しました。

4-2 光の回折格子

―― 波長を測ることができる

　光のような波が影のところへ回り込むことを「回折」といいます。前節で説明したヤングの実験は光の干渉を利用したものですが、24〜25ページの電波のところで説明した回折現象と同じです。この回折を利用すると、ヤングの実験（164ページ）のところでも説明したように光の波長を測ることができます。そのための道具が「回折格子」です。

　回折格子は両面が平行なガラス板の片面に、1mmあたり500〜1200本の平行な直線の溝を等間隔に刻んだものです。この回折格子に光（ここでは可視光とします）を当てると、溝の部分では光は散乱して通りにくく、溝以外の平らな部分を光が通り抜けます（図4-2（a））。つまり回折格子は、ヤングの干渉実験における2つのスリットを多数のスリットにし、間隔をきわめて小さくしたものです。この場合のスリットはガラス板上の溝と溝の間の光を通す平らな部分になります。

　この回折格子の手前からガラス板に垂直に光を入れると、溝の部分は光を通さずにガラスの平らな部分だけが光を通し、光は回折して後方に置いたスクリーンに干渉縞が現われます。原理はヤングの干渉実験とまったく同じですが、ヤングの実験ではスリッ

トが2つだったのに対し、図の回折格子ではスリットが多数あるので、通った光がすべて強め合って干渉による光が強くまた鋭くなります。

　図4-2（b）は回折格子を通った光が干渉するときの条件を示したものです。回折格子に入った光がスリットを通って回折し、もとの入射光とθの角度になる方向へ進むとします。スリット（溝と溝の間）の間隔をdとすると、隣接する2つのスリットを通った光のスクリーンまでの光路差は、図からすぐわかるように、$d \sin \theta$となります。この光路差が光の波長λの整数倍のときに、

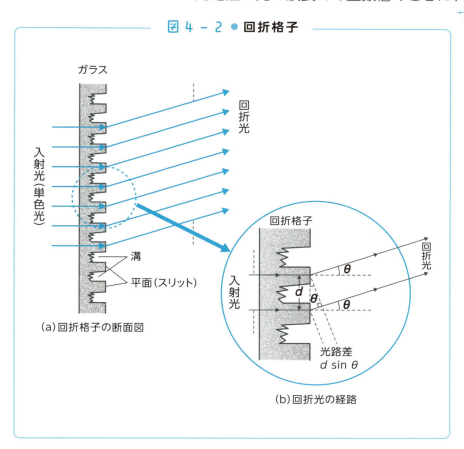

図4－2 ● 回折格子

(a) 回折格子の断面図

(b) 回折光の経路

隣りあう光は干渉して強め合います。隣りあった光だけでなく、その他の光もすべて強め合います。光路差が光の半波長の奇数倍のときは光は消えて暗くなります。これはヤングの実験の場合と同じで、スクリーンに現われた干渉縞の明線と明線の間隔を測れば光の波長を求めることができます。

回折格子を使うと明線が鋭くはっきりと出るので、光の波長を正確に決めることができます。また、光が強く現われる方向θは光の波長によって変わります。このため回折格子に白色光を当てると、プリズムのように7色の光が現われます。

回折格子のスリットの間隔は光の波長と同程度（波長と同じか数倍程度）にすることが必要です。ガラス板に1mmあたり1000本の溝を刻むと、スリットの間隔は1/1000mm、すなわち1μm（= 1000nm）で、可視光の波長（380nm〜780nm）の2倍前後になるので回折格子として使えます。

4-3 結晶を使った光の回折

—— ブラッグの法則で結晶構造がわかる

　光に似た性質をもつ未知の放射線 —— 例えば20世紀初頭におけるX線 —— が電磁波の一種で、本当に波としての性質をもっているかどうかを調べるには、可視光の場合と同じように回折格子を通して干渉縞が現われるかどうかを確認すればわかります。しかし、干渉が起こるのは回折格子のスリットの間隔が波長と同程度であることが条件なので、可視光よりもはるかに短い波長の波を調べるのに使えるような回折格子を人工的にはとてもつくれません。

　そこで考えられたのが**結晶格子**を利用する方法です。結晶は、図4-3に示すように、原子が空間的に規則正しく配列された構造をしています。原子の並び方にはいくつかの種類がありますが、いずれも規則正しく配列している点は同じです。原子と原子の間隔は結晶によってさまざまですが、多くは0.1nm～0.3nm程度です。そこでこれを回折格子の代わりに使えば、波長が1nm以下の電磁波でも回折現象を見ることができるはずです。

　126ページで述べたように、X線はレントゲンが1895年に発見して以来しばらくの間正体が不明のままでしたが、1910年代になるとそれは波長がきわめて短い1nm以下の電磁波ではな

いかと考えられるようになりました。当時はまだ結晶の構造が現在のようには明らかになっていませんでしたが、結晶中の原子は規則正しく並んでいて、原子間の距離は0.1nm程度だということはわかっていました。これは予想されるX線の波長と同程度です。

そこで、ドイツの物理学者**ラウエ**は結晶を使ってX線の回折現象を調べる実験を行ない、図4-4に示すように硫化亜鉛の結晶にX線を照射すると、図4-5のような小さな斑点（**ラウエの斑点**と呼ばれる）が現われることを見出しました（1912年）。これはX線の干渉を示すもので、可視光の干渉では縦長の細いスリットを用いたので縦長の干渉縞が現われましたが、結晶中の原子は点なので多数の斑点となって現われます。これによってX線の正体は波長がきわめて短い電磁波だということが証明され

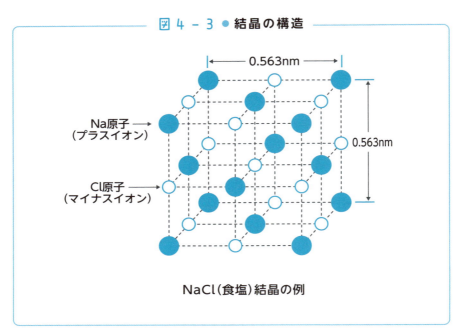

図4 - 3 ● 結晶の構造

NaCl（食塩）結晶の例

図 4 − 4 ● ラウエの実験の原理

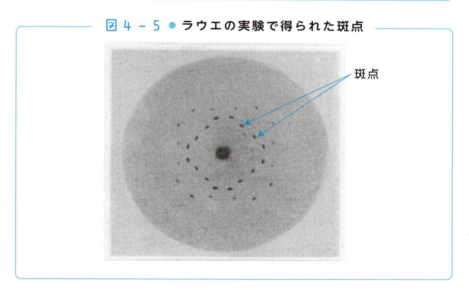

図 4 − 5 ● ラウエの実験で得られた斑点

ました。日本でも 1913 年から 14 年にかけて、理化学研究所で寺田寅彦博士と弟子の西川正治博士がさまざまな結晶を使って X 線回折の写真を撮るのに成功しています。

このように結晶に X 線を当てると、反射した X 線に回折・干

渉現象が起こり、散乱された X 線はある特定の方向では強め合います。そのためには、X 線の波長 λ、X 線が結晶の格子面（原子面）に入射する角度 θ、格子面の間隔 d、の間に一定の関係が必要です。

　図 4-6 はその関係を示す図で、結晶の格子面に角度 θ で入射した光が格子（原子）に当たって同じ角度 θ で反射して出ていくとき、光路 1 で A → A' へ進む光と、光路 2 で B → B' へ進む光との光路差は、図からすぐわかるように、$2d \sin \theta$ となります。この光路差が光の波長 λ の整数倍のとき、光路 1 と光路 2 から来る 2 つの光の波の山と山が重なって干渉を起こし、光は強くなります。他の光路についても同様です。つまり、$2d \sin \theta = m\lambda$（$m$：正の整数）が成り立つときにだけ、干渉が観測されます。

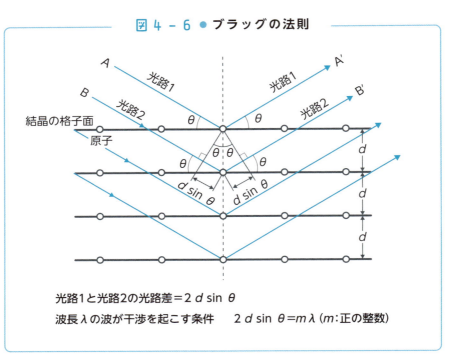

図 4 − 6 ● ブラッグの法則

光路1と光路2の光路差＝$2d \sin \theta$
波長 λ の波が干渉を起こす条件　　$2d \sin \theta = m\lambda$（$m$：正の整数）

この条件はイギリスの物理学者**ブラッグ父子**によって導かれたので、「**ブラッグの法則**」あるいは「**ブラッグの条件**」と呼ばれます。

　このブラッグの法則は結晶構造の解析に用いられています。規則的な構造をもっている結晶にある波長のX線をいろいろな角度から照射すると、ある角度では強いX線の反射が起こり、別の角度ではほとんど反射が起こらないという現象が観測されます。そこで波長λがわかっているX線を結晶に当てながら結晶を回転させ、いろいろな入射角で得られた回折像を測定することによって（角度θがわかる）、ブラッグの法則から結晶の中の原子がどのように並んでいるかがわかり（格子面間隔dが求められる）、結晶構造を確定できるということになります。このようにしてダイアモンドの結晶構造を初めて明らかにしたのもブラッグ父子です（1913年）。

4-4 光は波か粒子か

―― アインシュタインの光量子仮説

　これまでに述べてきたように、光は電磁波の一種であり、波としての性質をもつことがわかっていましたが、20世紀になると波としての性質だけでは説明がつかない現象が発見されました。

　金属に紫外線のような光を当てると、金属の表面から電子が飛び出します（図 4-7(a)）。これは「**光電効果**」と呼ばれる現象で、19世紀の終わりごろから知られていました。電子は金属の中に閉じ込められていますが、外部から光を当てるとそのエネルギーを受けて金属の外に飛び出すことができます。ところがいろいろ実験してみると、金属から電子が飛び出すのは紫外線のような波

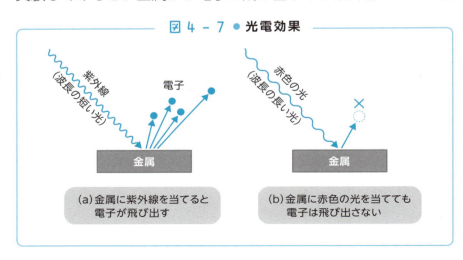

図 4-7 ● 光電効果

(a) 金属に紫外線を当てると電子が飛び出す
(b) 金属に赤色の光を当てても電子は飛び出さない

長の短い光のときだけで、赤色のような波長の長い光では光をいくら強くしても電子が飛び出しません（図 4-7(b)）。逆に波長の短い光なら弱い光でも電子が飛び出します。これは不思議なことです。光が波であるならば強い光（波の振幅が大きい光）ほどエネルギーが大きいので、波長に関係なく強い光を当てれば電子が飛び出すはずです。

　このような現象を説明するために、相対性理論で有名な**アインシュタインは光を粒子と考え、1個の光の粒子（「光子（フォトン）」と呼ぶ）は1秒あたりの振動数 ν に比例したエネルギーをもつと仮定しました**。光はエネルギーのかたまりとして進むのだとし、それ以上分けることができないエネルギーの最小単位があると考えたのです。その最小単位が粒子である光子で、振動数が高い光子ほど電子に当たると電子をすばやく動かすことができるのでエネルギーが大きいということです。光の波長 λ は光の速度 c を振動数 ν で割った値（$\lambda = c/\nu$）なので、波長の短い光ほどエネルギーが大きいことになります。

　光を粒子すなわち光子と考えると、明るい光は光子の数が多いということです。光電効果で1つの電子にぶつかるのは1つの光子だけです。そのため波長の長い光は、どんなに光子の数を増やしても（明るくしても）、1つの光子がもつエネルギーが小さいので電子を金属から飛び出させることができません。波長の短い光の光子ならエネルギーが大きいので、電子を金属から飛び出させることができます。光子の数を増やすと飛び出す電子の数が増えます。

　このように光電効果を起こすには、いろいろな金属に固有な光

の限界波長があり、それより長い波長の光だとどんなに光を強くしても電子は飛び出しません。金属から電子が飛び出すのに必要な最小エネルギー（金属によって異なる）が決まっているからです。この現象は光が波であると考えるとどうしても説明がつきません。光が粒子であると仮定することによってはじめて理論的に解決できました。

　1つの光子がもつエネルギー E は振動数 ν に比例するので、$E = h\nu$（$= hc/\lambda$）と表わせます。この比例係数 h は 118〜119 ページで説明したプランク定数で、光にプランクが考え出した量子論の考え方を適用したのです。これを「**光量子仮説**」といいます。このことをいい換えると、"**光にはエネルギーの最小単位があり、その最小単位が光子である**"ということです。そのため光子のことを「**光量子**」と呼ぶことがあります。これまでの説明でわかるように、このエネルギーの最小単位は光の波長によって異なり、波長の短い光ほど最小単位のエネルギーは大きく、波長の長い光ほどエネルギーの最小単位は小さくなります。

　この光量子仮説を用いることによって、当時問題となっていた光電効果を理論的に説明できるようになりました。つまり、**光は波としての性質と同時に、粒子としての性質ももっている、という「波と粒子の二重性」の概念が生まれたのです**。

　またアインシュタインは、1個の光量子は $h\nu$ のエネルギーをもっているだけでなく、運動量 p ももっていて、その大きさは、$p = h\nu/c = h/\lambda$ で、その向きは光の進む向きだと考えました。

　この考えはアメリカの物理学者**コンプトン**によって実験的に確かめられました。図 4-8 に示すように、静止している電子に X

線を当てると電子ははね飛ばされて動き出し、衝突後のX線は波長が長くなることを見出したのです。これはX線を光子と考え、1個の光子が1個の電子と弾性衝突した結果、図の右側のように電子はエネルギーを得て動き出し、光子はエネルギーの一部を失って振動数が減少する（波長が長くなる）ということです。これは**コンプトン効果**と呼ばれ、光が粒子であることを示す有力な証拠となり、アインシュタインが提唱した光量子仮説が正しいことが改めて証明されたことになります。

アインシュタインは1921年にノーベル物理学賞を受賞していますが、その対象となったのは有名な相対性理論ではなく、「光量子仮説に基づく光電効果の理論的解明」でした。その頃になってもなお、相対性理論は難しすぎて素直には受け入れられなかったからだといわれています。

図4-8 ● コンプトン効果

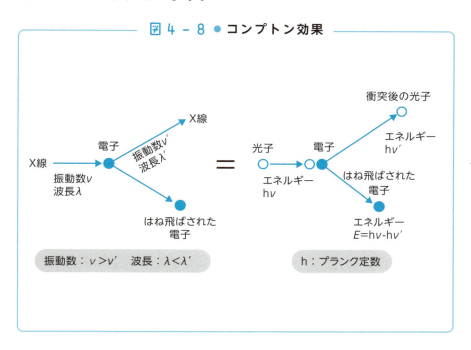

4-5 電子の波

—— 波であり粒子であるという二重性モデル

波と考えられていた光が同時に粒子としての性質ももっているのなら（**光の二重性**）、この関係を逆にして電子のような粒子にも波としての性質があるのではないか、そう考えた人がいました。

フランスの名門貴族の家系に生まれた**ド・ブロイ**は、電子を波と考えたときの波長 λ は、$\lambda = h/mv$ によって与えられることを示しました（1924年）。ここで、h はプランク定数、m は電子の質量、v は電子の速度を表わします。すると mv は電子の運動量となり、前の式を書き直して運動量 $mv = h/\lambda$ とすると、178ページで示した光を粒子としたときの運動量の式（$p = h/\lambda$）とまったく同じになります。

このようにして考え出された電子の波を「**電子波**」、さらにこれを他の粒子（陽子や中性子など）にも適用したときの波を「**物質波**」（別名「ド・ブロイ波」）と呼びます。

電子波の波長はド・ブロイが示した式から求めることができ、計算すると波長は数 pm（ピコメートル。1pm は 10 億分の 1mm）ないし数十 pm 程度となり（電子の速度が速いほど波長は短くなる）、可視光の波長の 10 万分の 1 ないし 1 万分の 1 程度になります。これは波長の短い X 線と同程度です。

ド・ブロイが提唱したこのような大胆な理論は最初はなかなか受け入れてもらえませんでしたが、間もなくこれを裏付けるような実験結果が報告され始めました。

　その1つがアメリカの物理学者**デヴィッソン**と**ガーマー**が1927年に行なった実験で、図4-9のように電子のビーム（電子線）を高速でニッケル板に当てて反射した電子を写真乾板で受けたところ、乾板上にそれまで見たことがない模様ができていることを発見しました。もし電子が単なる粒子なら、反射した電子はランダムにほぼ一様に分布して、奇妙な模様はできないはずです。その後の研究でこの現象は結晶による回折像であることがわかり、電子線が波の性質をもっていることが明らかになりました。ド・ブロイの発想は正しかったのです。

　電子が波としての性質をもっていることを確かめるには、波長が同程度のX線のときと同じように、結晶を使って干渉が現われるかどうかを見ればわかります（171ページ参照）。

　図4-10に電子線回折像の例を示します。結晶が単結晶の場合は回折像は規則正しく並んだ点となって現われますが（図の(a)）、

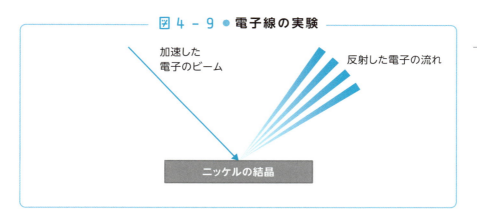

図 4 － 9 ● 電子線の実験

多結晶の場合は結晶の向きがバラバラなので、同心円状になります（図の (b)）。日本では、1928年に理化学研究所の菊池正士博士が電子線回折で電子の波動性を実証する実験に成功しています。この実験は電子線回折の本質を明らかにするもので、今日でも世界に知られている誇るべき成果です。

　光や電子が、あるときは波のように振る舞い、あるときは粒子のように振る舞う、という考え方は、私たち一般の人には何となく納得できないという意識があります。しかし物理学者たち専門家はつぎのように考えます。**そもそも波や粒子という考えは、光や電子を理解するためのモデルであり、光や電子そのものではないのです**。例えば、波というモデルだけでは光を完全に理解することができないケースがあり、その場合にはもう1つの粒子というモデルを使って光を理解しようとするのです。電子についてもまったく同じことがいえます。**つまり波と粒子の二重性というモデルを導入することによって、さまざまな物理現象を矛盾なく説明できるようになったということです**。現在では、原子や光子のようなミクロな世界で起こるさまざまな現象は、このようなモデルで説明することが定着しています。

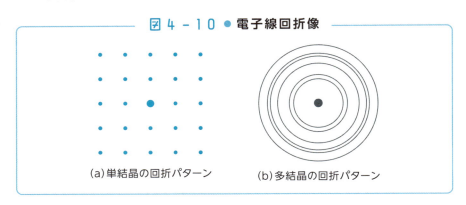

図 4 - 10 ● 電子線回折像

(a) 単結晶の回折パターン　　(b) 多結晶の回折パターン

4-6 光学顕微鏡と電子顕微鏡
―― 波長を短くするほど分解能が上がる

電子線が波の性質をもっていることを利用した装置に電子顕微鏡があります。

それまで使われていた顕微鏡（光学顕微鏡）は、レンズでモノを拡大して可視光で見るという虫眼鏡の原理を応用してつくられたもので、数百倍という拡大率が実現されています。しかし見える細かさ（分解能*）には限界があり、理論的には観察に用いる波の波長の1/2までです。可視光（波長が0.38 μm～0.78 μm）では分解能は計算上0.2 μmが限界ということになります。いくら顕微鏡の倍率を高くしても、像がぼやけるだけでそれ以上細かいものは識別できません。したがって観察できる対象物の大きさは1 μm弱くらいまでです。

電子顕微鏡は光よりも波長がはるかに短い電子線を利用するものです。電子線を波と考えた場合の波長は、180ページで述べたように可視光の10万分の1程度（数pm）なので、電子顕微鏡の分解能は理論的には数pm程度になります。しかし、実際には電子顕微鏡に使用する電子レンズの収差などによって分解能が制限され、現在最高の分解能は50pm程度です。

光学顕微鏡と電子顕微鏡でどのくらいの大きさのものまで観察

できるかを比較すると、図 4-11 に示すようになります。例えば、細菌は大きさが 1 〜 5μm 程度なので光学顕微鏡で何とか観察できますが、ウィルスは大きさが 30 〜 300nm 程度なので電子顕微鏡でなければ観察できません。さらに電子顕微鏡を使えば、幅が 2nm 程度の DNA や結晶の内部構造（原子と原子の間隔が 1nm 以下）も観察することができます。

　光学顕微鏡は光をガラスのレンズで拡大しますが、電子顕微鏡は光ではなく電子線を使うので、ガラスのレンズは使えません。そこで電子レンズを使用します。電子レンズは銅線を巻いたコイルでできていて、コイルの中心を電子線が通るようにしておきます。コイルに電流を流すとコイルの中に磁界が発生するので、電気を帯びた電子が通過するときに中心方向に力を受けて（109 〜 110 ページのコラムの図 2-B(d) 参照）電子線が収束します。これは光がレンズを通るときと同じ働きになるので、電子線で試料を拡大して見ることができます。

　図 4-12 はこのような電子顕微鏡の構造の一例を簡略化して示

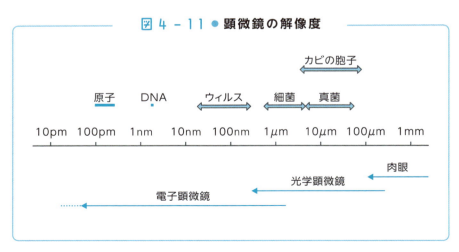

図 4 - 11 ● 顕微鏡の解像度

したものです。図の中の電子銃は、電子源で発生させた電子線を高電圧で加速させる装置で、加速電圧は数千ボルトから30万ボルト程度が一般的ですが、100万ボルト以上の超高圧電子顕微鏡もあります。電圧を高くしたほうが電子が高速になって電子線の波長が短くなります。例えば、加速電圧を30万ボルトにすると、電子線の波長は約2pmになります。

ここまで読んでくると、電子線と波長が同じくらいの光であるX線を使えば、光学顕微鏡でも電子顕微鏡と同程度の分解能が得られるのではないかと思うかもしれません。ところがそれは無理です。ガラスはX線を通さないので、X線に使えるレンズをつくることができないのです。

図 4 − 12 ● 電子顕微鏡（透過型）の原理

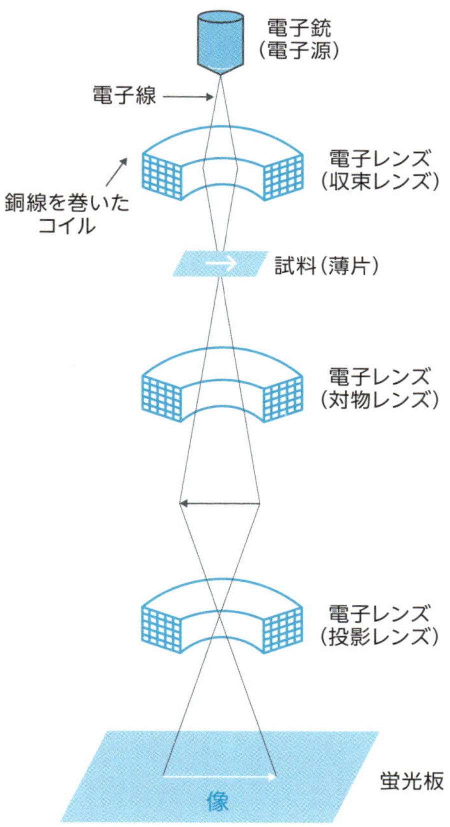

電子銃（電子源）
電子線
電子レンズ（収束レンズ）
銅線を巻いたコイル
試料（薄片）
電子レンズ（対物レンズ）
電子レンズ（投影レンズ）
像
蛍光板

＊分解能：2つの点を2つの点と識別できる最短の距離。人間の目（肉眼）の分解能はおよそ0.1mm。

4-7 光に圧力はあるか？

―― 太陽光の圧力で探査機を推進

　光には圧力があるのでしょうか。私たちは強い光線を浴びても圧力を感じることはありませんが、光にも圧力はあります。鏡も光を反射するときに弱いながらも光の圧力を受けていますが、それでも鏡は動くことはありません。圧力が弱すぎるので、地球上では他の力に負けて光の圧力の影響が現われないのです。

　ところが宇宙空間では、光の圧力と思われる現象を見ることが

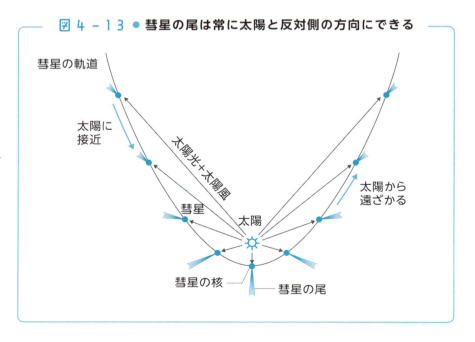

図 4-13 ● 彗星の尾は常に太陽と反対側の方向にできる

できます。たとえば彗星の尾は彗星が太陽に近づくと次第に長くなり、図4-13のように常に太陽と反対側に尾を引いています。このような彗星の尾は、彗星の核から噴き出したガスやチリが太陽光線の圧力を受けた結果だと考えられていました。実際は太陽光の圧力だけではなく、太陽風（144ページ参照）と呼ばれる太陽から飛び出した粒子の流れの影響も受けていることがわかっていますが、昔の人は光の圧力と考えていました。

　光が圧力を及ぼすことはマクスウェルの電磁理論（88ページ参照）からも導かれていましたが、実験が困難なために長い間確かめることができず、ようやく1899年になってロシアの物理学者**レヴェデフ**が、次いで1901年にはアメリカの物理学者**ニコルス**と**ハル**が実験で証明しました。

　夏目漱石の小説『三四郎』（1908年、朝日新聞に連載）には、理科大学（東京帝国大学）で野々宮さんが雲母（マイカ）でつくった薄い円盤を水晶の糸で吊るして真空の中に置き、この円盤にアーク灯の強い光を当てると円盤が動くかどうか、という実験を行なっているシーンがあります。これはニコルスが行なった実験をモデルにしたもので、この論文を読んでいた**寺田寅彦**が夏目漱石に話したのをさっそく『三四郎』に引用したものだといわれます。

　光を粒子（光子）と考えると、粒子が当たったために圧力を感じるということは何となく理解できます。しかし光子は質量がゼロと考えられています。質量がゼロの粒子が当たって圧力を及ぼすと考えるのはどうみてもおかしい気がします。

　これを説明するのは難しいのですが、簡単にいうと光も電磁波

であり、前に述べたように**"波と粒子の二重性"**という性質をもっています。したがって光子も電磁波の特徴である電界と磁界の振動であると考えることができます。そのような電磁波である光が物体に当たると、物体中の電子は電界と磁界から**ローレンツ力**と呼ばれる力を受けます。この力は電磁波の進行方向と同じなので、1つ1つの電子が受けるローレンツ力が重なって光の圧力となるのです。

太陽光の圧力そのものはきわめて弱く、地上では大気の圧力の200億分の1くらいしかありません（図4-14）。そのため重力や空気の抵抗、摩擦などにじゃまされて、光の圧力で物体が動くなどということは起こりません。しかし、空気がなく、惑星などの重力の影響を受けないような宇宙空間では、太陽光の圧力を積極的に利用することが可能です。

2005年に小惑星「イトカワ」に着陸した宇宙探査機「はやぶさ」は、数々のトラブルに見舞われながら小惑星の砂を採取して

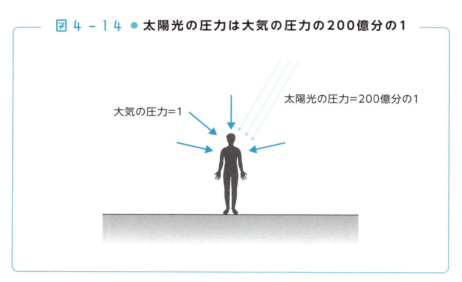

図4-14 ● 太陽光の圧力は大気の圧力の200億分の1

何とか地球に帰還でき、話題になりました。「はやぶさ」は太陽電池で必要な電力を得ているので、太陽電池パネルを常に太陽の方向に向けておく必要があります（探査機の姿勢制御）。この制御には搭載した燃料を使って行なうのがふつうですが、「はやぶさ」はトラブル続きで燃料がきわめて不足していたため、太陽光の圧力を利用することにしました。そして面積の広い太陽電池パネルが受ける太陽光の圧力を利用して探査機を少しずつ回転させ、無事にパネル面を太陽の方向に向けることができました。これで燃料をかなり節約でき、窮地を脱して地球まで無事帰還できたということです。

　さらに **JAXA（宇宙航空研究開発機構）** は、2010年に光の圧力を利用する実験用宇宙探査機「**IKAROS（イカロス）**」を打ち上げています。厚さ7.5μmの薄いポリイミド樹脂膜にアルミニウムを蒸着した14m四方の正方形の帆を探査機に取り付けて、太陽光の圧力で帆船のように推進するものです。圧力が弱いといってバカにすることはできません。何日も何カ月も太陽光の圧力を受け続けていれば、"チリも積もれば山となる"で相当の推進エネルギーを受け取ることができ、宇宙探査機の速度を加速できます。これで燃料をかなり節約できると期待されています。

4-8 光の速度は秒速30万km

―― レーマーの観測とフィゾーの実験

　皆さんは子どものころ、光は1秒間に地球を7回り半進むと習ったことがあるでしょう。地球1周の長さは4万kmなので、7回り半なら30万kmです。つまり光は1秒間に30万kmという超高速度で進むことになります。これは真空中（空気中でもほぼ同じ）を伝わる光の速度です。30万kmというのは概数で、正確には1秒間に299,792,458m（29万9792.458km）進むという速度です。299,792,458mとは長くて覚えにくい数字ですが、これを「憎（にく）くなく2人（ふたり）寄（よ）ればいつもハッピー」と覚えましょう。

　ところで古代の人は光は無限の速さで伝わると考えていました。

　この光の速度を初めて測ろうと考えた人は、17世紀初めに活躍したイタリアの物理学者・天文学者ガリレオだといわれていますが、実際には速すぎて測れませんでした。

　光に速度があることを確認できたのは、今から300年余り前のことです。デンマークの天文学者レーマーは、木星の衛星を観測中に、衛星が木星に隠れる周期が予想よりもわずかに遅れることに気づき、この遅れの原因が、木星から地球まで光が届くのに時間がかかる、つまり光に有限の速度があるからだと考えまし

た。彼は、地球が木星から遠くにあるときに、衛星が木星に隠れる時刻が、近くにあるときよりも遅くなるという観測結果をもとに、光の速度を計算して秒速21万4300kmとしました（1676年）。これは現在知られている秒速30万kmに比べると30％も小さい不正確な値でしたが、レーマーの発見は光に速度があることを初めて証明した画期的なことでした。

レーマーは天文観測から光の速度を求めましたが、これを初めて実験で測ったのはフランスの**フィゾー**で、図4-15のようなしくみを使って測定しました（1849年）。

光源Sから送られた光は半透明な鏡（ハーフミラー）Aで直角に反射して遠方に置かれた反射鏡Bに到達し、そこで反射した光はAを通過して観測者Cに届きます。AとBの間に回転す

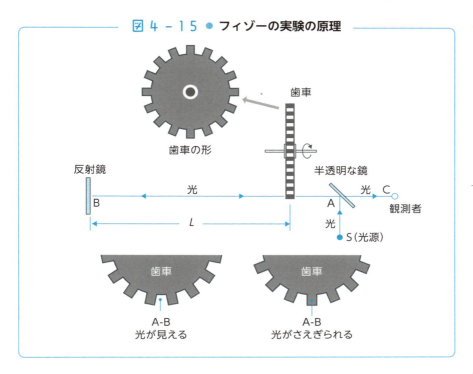

図 4 - 15 ● フィゾーの実験の原理

る歯車を置き、光が歯と歯の間の隙間を通るようにすると、Cでは光を見ることができます（図の左下）。ところが歯車の回転数を上げていくと、歯車の隙間を通って送られた光がBで反射して戻ってくる間につぎの歯にさえぎられて、Cでは光を見ることができなくなります（図の右下）。この歯車の隙間からつぎの歯が来るまでの時間と、歯車と反射鏡Bまでの距離Lから光の速度を計算して求めることができます。

　フィゾーの実験では、歯車の歯の数を720、歯車と反射鏡Bの距離Lを8633mとし、歯車の回転数を上げていって1秒間に12.6回転させると光が見えなくなることが確認されました。このとき、歯車が1回転する時間は12.6分の1秒、歯車の歯と次の歯がくるまでの時間はその720分の1、歯の隙間と次の歯がくるのはさらにその半分ですから、光が見えて次に見えなくなるまでの時間は$(1/12.6) \times (1/720) \times (1/2)$秒＝1/18144秒となります。これが歯の隙間を通して送られた光が反射鏡で反射して再び歯車まで戻ってくるまでにかかった時間です。つまり、光が$2 \times 8633 = 17266$m進むのに、1/18144秒かかるということになります。このことから、光が1秒間に進む距離を計算すると、31万3274kmという値が得られます。このようにして彼が求めた光の速度は現在正しいとされている値よりも5％ほど大きかっただけです。このフィゾーの実験は高校の物理の教科書にも出てくる有名な話なので、習った人も多いでしょう。

　現在もっとも正しいとされている光の速度cは、レーザー（226ページ参照）が出す純粋な光の振動数νと波長λを精密に測定して、$c = \nu \times \lambda$を計算して決めた値です。

4-9 光の速度は一定で不変である

――マイケルソンとモーリーの実験

　前節で述べたように、光の速度は真空中で秒速30万kmです。現在の物理学では、この光の速度は一定でこれよりも速く進むものは存在しないとされています。

　ここで頭の体操です。新幹線が時速300kmで走っているとします。この時速300kmというのは地上にいる静止した人が見たときの速度です。この新幹線を同じ方向に並走する時速100kmの自動車の中から見ると時速何kmに見えるでしょうか？

　これは小学校の算数によく出てくる問題です。答えは時速200km（300km − 100km）に見えますね（図4-16）。逆方向に走れば、時速400km（300km + 100km）に見えます。これが「速度の加法定理」です。

　それでは、秒速30万kmの光を秒速10万kmのロケット（実際にはこんなに速いロケットはつくれませんが）に乗って光を追いかけている人が観測したら、光の速度は秒速20万kmに見えるでしょうか？　答えはノーです。秒速10万kmのロケットから見ても、光の速度は秒速30万kmで変わりません。ちょっと考えると不思議な気がしますが、事実なのです。

　このことを実験で確かめたのは、アメリカの物理学者**マイケル**

ソンとモーリーで、1887年のことです。2人はロケットの代わりに地球が太陽の周りを回る公転速度を利用しました。この公転速度は秒速30kmです。したがって、地球上で東向きおよび西向きに走る光を観測すると、その速度はそれぞれ秒速30万kmから秒速30kmを引いた値と足した値になるはずです（速度の加法定理）。

　ここで一つの疑問があります。音の波である音波は空気が波を伝えるので真空中では伝わりません。海の波も水が伝えます。このように波が伝わるには何かそのための媒質が必要だと考えられます。ところが光の波は真空中でも伝わるので不思議です。そこで当時は真空中に光の波を伝える未知の媒質があるはずだと考えて、これに「エーテル」（薬のエーテルとは違います）という名前をつけました。遠い宇宙の果てからも星の光が届くので、宇宙

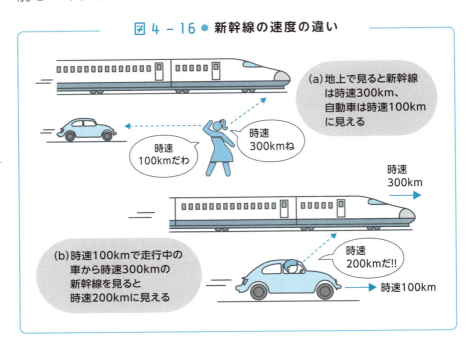

図4-16 ● 新幹線の速度の違い

はエーテルで満たされていて、光はこのエーテルの中を秒速30万kmで進むと考えます。地球もそのエーテルの中を動いていると考えるのが妥当です。地球の公転速度が秒速30kmであるというときの速度もこのエーテルに対する速度です（実際には太陽もエーテルの中を動いているはずですが、ここではそれは考えないことにします）。

光の速度を地上で測定する場合、フィゾーの実験（図4-15）のように、光源を出た光が離れたところにある鏡で反射して戻ってくるまでの時間を測るという方法を使います。そうしないと微小時間を正確に測定できないからです。

図4-17を見てください。もし測定装置が（エーテルに対して）静止している場合は、図の（a）に示すように、A-B間の距離Lを光が往復するとき、光の速度は両方向とも同じでc（= 30万km／秒）です。したがって、A点を通過した光が鏡Bで反射して再びA点に戻ってくるまでにかかる時間は、$2L/c$になります。次に、装置全体が（エーテルに対して）速度vで光と平行に右方向に動いている場合は、図の（b）に示すように、光がA-B間を往復するのにかかる時間は、静止している場合（図の（a））に比べて、$1/\{1-(v/c)^2\}$倍だけ余分に時間がかかります。そこでこの2つの時間の差を検出できれば、光に対する速度の加法定理が成り立つことが確認でき、同時にエーテルの存在も明らかになります。

しかし、c = 30万km／秒、v = 30km／秒なので、v/cの値は1万分の1になり、時間の差を表わす$(v/c)^2$は1億分の1というきわめて小さい値になります。このような小さな差を検

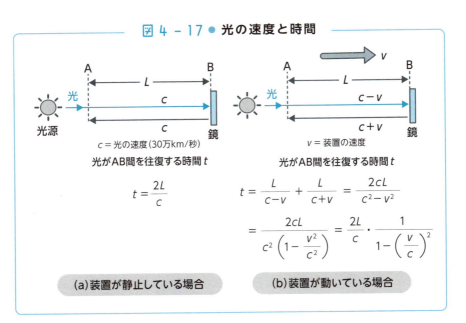

(a) 装置が静止している場合　　(b) 装置が動いている場合

出するには光の波の干渉を利用します。それには図 4-18 に示す原理で、光源 A から出た光（単色光）はハーフミラー B で 2 つの光路に分けられ、一方の光は直進して鏡 C で反射して B に戻ります。このとき、B から C へ向かう光の方向が装置全体が動く方向（地球の公転方向）と同じであれば、B から C への光の速度は $c - v$、C から B へ逆方向に戻る光の速度は $c + v$ となって、図 4-17（b）で示した時間がかかります。

　もう一方の光はハーフミラー B で反射して直角に曲げられ、鏡 D で反射して再び B に戻ります。このときの光が進む方向は装置が動く方向と直角なので、光の速度は装置が動く速度の影響を受けることなく c のままであるはずです。ところが実際には、B-C 間を光が往復する時間に B 点が動いてしまうので、B-D 間を往復する光の速度は図 4-18 に示したように $\sqrt{c^2 - v^2}$ となって

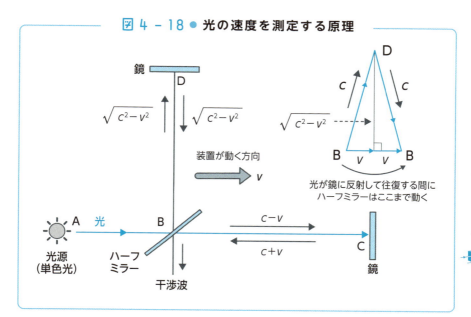

図 4 - 18 ● 光の速度を測定する原理

c よりも遅くなります。その差は 1 億分の 1 のさらに半分です。

鏡 C と D で反射した 2 つの光はハーフミラー B で重なります。BC 間の距離と BD 間の距離を正確に一致させることは不可能であり、また光も広がりながら進むので、ハーフミラーで重なった光は干渉を起こして干渉縞ができます。マイケルソンとモーリーはこの干渉縞を観測して光の速度の差を検出しようとしました。図 4-19 がその実験の原理です。最初に図の (a) の構成で干渉縞を記録し（実験 1）、次に装置全体を反時計回りに 90 度回転した図の (b) の構成で同じように干渉縞を記録します（実験 2）。光の速度が公転速度の影響を受けていれば、わずかな時間の違いでも 2 つの干渉縞の縞の位置にずれが出るはずです。ところが何回実験を繰り返しても、2 つの干渉縞にはずれは認められませんでした。

これは何を意味するのでしょうか？ BC 間と BD 間を進む光の速度は、地球の公転速度の影響をまったく受けることなく、同じだということです。つまり光については速度の加法定理は成り立たないことを示しています。またエーテルの存在も否定するものです。これは当時の常識からするとまったく理解できないことでした。しかし、実験の方法が正しく、測定した精度も十分高ければ、実験で得られた結果を事実として受け取らなければなりません。

　この難しい問題に答えを出したのは**アインシュタイン**です。彼はマイケルソン・モーリーの実験結果を前提として、"どのような速度で動いている観測者から見ても、光の速度は一定である"とする「**光速度不変の原理**」を打ち出しました。そしてこの原理をもとに理論を発展させ、**相対性理論**として発表しました（1905年）。**この理論はその後のさまざまな実験によって正しいことが確かめられ、20世紀の物理学の礎となりました。**

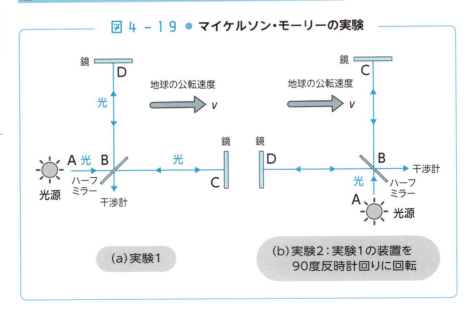

図4-19 ● マイケルソン・モーリーの実験

(a) 実験1

(b) 実験2：実験1の装置を90度反時計回りに回転

4-10

光はなぜ屈折するのか

―― 物質により波長により光は屈折する

　光が屈折をすることはよく知られています。電波でも27〜28ページで述べたように屈折が起こりますが、光のほうが目に見えてはっきりとわかるので、ここで光が屈折する原理を詳しく説明することにします。電波も屈折をする物質が違うだけで原理はまったく同じです。

　光が空気中からガラスや水などの透明な物体に入ると、図4-20のように屈折して進行方向が曲げられます。空気中のAからきた光が、ガラス（や水など）との境界面に垂直な線（法線）との角度θ_1で斜めに入射すると、O点で向きを変えて角度θ_2でガラスの中をA'の方向に進みます。逆に、ガラスの中をA'からO点に向けて進んできた光は空気中に入ると向きを変えてAの方向へ進みます。

　<u>このように光はどちらの方向へも同じ経路で進みます（「光線逆行の理」という）。このときのガラスなどの屈折率nは、$n = \sin\theta_1 / \sin\theta_2$として決められます（スネルの法則）</u>。物質の屈折率は真空の屈折率を1としたときの屈折率で表わされますが、空気の真空に対する屈折率は1.000292なので、一般には空気に対する屈折率と考えて差し支えありません。

物質にはそれぞれ固有の屈折率があり、代表的な物質の屈折率を表 4-1 に示しておきます。表には物質中の光の速度も示してありますが、この速度が屈折率と密接に関係します。光の速度は真空中（空気中でもほぼ同じ）では秒速 30 万 km ですが、ガラスや水のような物質の中では真空中よりも速度が遅くなります。

表 4 − 1 ● 主な物質の屈折率と光の速度

物質	屈折率	光の速度(万km/秒)
空気	1.00*	30.0
氷	1.31	22.9
水	1.33	22.6
エチルアルコール	1.36	22.1
石英ガラス	1.46	20.5
光学ガラス	1.47〜1.92	15.6〜20.4
ポリエステル樹脂	1.60	18.8
水晶	1.54	19.5
エメラルド	1.58	19.0
サファイア、ルビー	1.77	17.0
ダイアモンド	2.42	12.4

* 正確な値は 1.000292

図 4 − 20 ● 光の屈折

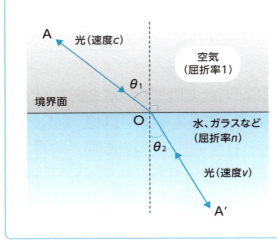
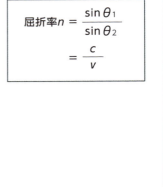

$$屈折率 n = \frac{\sin \theta_1}{\sin \theta_2} = \frac{c}{v}$$

これはガラスなどの中の分子が、入ってきた光をいったん吸収し、すぐに再放出するという動作を繰り返しているからで、その結果、光の速度が遅くなるのです。

　例えば、空気中を進む光と、屈折率が1.46の石英ガラスの中を進む光とを比べると、同じ時間で光が進む距離は、石英ガラスの中では空気中の1/1.46になります（図4-21）。ところが物質が変わっても光の波の数（振動数）は変わらないので、石英ガラスの中では空気中に比べて光の速度は1/1.46（＝0.68）に低下し、秒速20.5万kmになります。

　光がこれらの物質に入射するときに屈折するのは、このように光の速度が遅くなるからで、この様子を図4-22に示します。光の波面（波の山の位置。24ページの図1-10参照）は進行方向と直角の直線で、屈折率が低い媒質1（例えば空気）から屈折率が高い媒質2（例えばガラス）へ斜めに光が入るとき、光線2の波面が2つの媒質の境界面のQ_1に達しても光線1の同じ波面

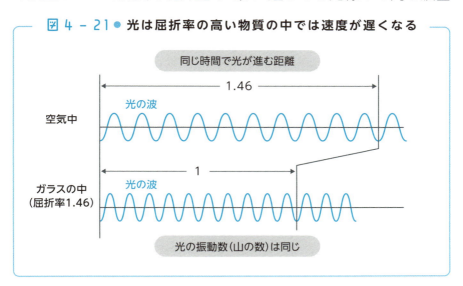

図4-21 ● 光は屈折率の高い物質の中では速度が遅くなる

はP₁の位置にあり、まだ媒質1の中です。光線1の波面が境界面のP₂に達したとき、光線2の同じ波面はすでに媒質2の中を進んでQ₂に達しています。P₁–P₂とQ₁–Q₂はそれぞれ光線1と光線2が同じ時間で進む長さですが、光線2は光線1より速度が遅いので、P₁–P₂よりもQ₁–Q₂のほうが長さが短くなります。光線1と光線2の波面は同じように揃っていなければならないので、光は媒質2に入ると図のように方向を変える必要があります。これが光が屈折する理由です。

同じ物質でも屈折率は光の波長によって少しずつ異なります。**波長が長い光ほど屈折率が低く、波長が短い光ほど屈折率が高くなって屈折する角度が大きくなります。**そのため屈折率は、ナトリウムの光源が出す波長589.3nm(ナトリウムD線という)の

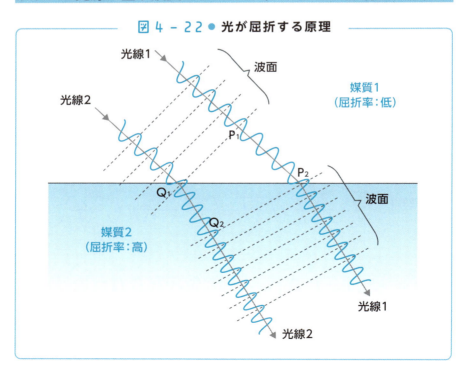

図4-22● 光が屈折する原理

光に対する値を示すことになっています。

　雨あがりに陽がさすと、7色の虹を見ることがあります。これは太陽の光（白色光）が空気中の水滴の中を通り抜けるときに、波長（色）の違いによって屈折する角度が異なるため、赤、橙、黄、緑、青、藍、紫と7色に分かれて見えるためです。もっとも虹の色は連続した色の変化で、きっちりと区別することはできません。日本では7色ですが、アメリカなどでは6色（赤、オレンジ、黄、緑、青、紫）、さらに5色にする国もあるなど、虹の色はかなりあいまいです。私も虹を見て7色をはっきり識別するのはなかなか難しいと感じています。

　同じ現象は、図4-23のように太陽光のような白色光をプリズムに通すとよくわかります。プリズムで光が屈折する際に波長ごとに屈折する角度が少しずつ違うので、プリズムを通過した光は

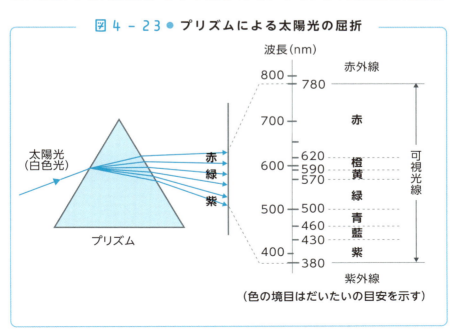

図 4 - 23 ● プリズムによる太陽光の屈折

（色の境目はだいたいの目安を示す）

背後のスクリーンに 7 色に分かれて映ります。図には色と波長の対応を示しておきましたが、色の境目の波長は個人差もあり、だいたいの目安と考えてください。

このように光が波長によって分かれる現象を光の「**分散**」といいます。分散が起こるのは、空気に対するガラスの屈折率が光の波長によって少しずつ違うためです。例えば石英ガラスでは、赤色の光の屈折率は 1.457 ですが、紫色の光の屈折率は 1.470 で、両者の間には約 1％の違いがあります。

この分散はプリズムで光を分けるときなどには便利ですが、望遠鏡やカメラのレンズにとってはきわめてやっかいな問題です。

レンズに入射した光は、図 4-24 のように屈折して焦点 F のところに集まります。カメラはこの焦点の位置にフィルム（デジタルカメラでは撮像素子）を置いて、集めた光の像を記録します。ところが赤色の光と青色の光では屈折率が少し違うので、色によって焦点の位置がずれて像がぼやけてしまいます。これを**色収差**といい、レンズの設計ではこの色収差をできるだけ少なくするのが最大の課題です。

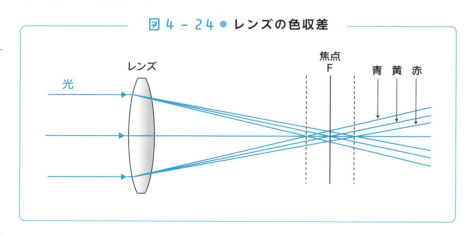

図 4 - 24 ● レンズの色収差

4-11

光の全反射

—— ダイアモンドの輝きは屈折率にあり

　光の屈折の特別なケースとして光の全反射という現象があります。光が鏡に当たるとすべて反射されますが、ここでいう全反射はそれとは違って、屈折率が異なる2つの透明な物体を重ねて屈折率が高い物体から光をその境界面に当てたときに、光がもう一方の物体のほうへ通過することなく、すべて境界面で反射して再びもとの物体の中へ戻ってしまう現象です。それには一定の条件が必要です。

　図4-25は光が空気中からガラスに入るときの経路を示したものです。図4-20のところでも説明しましたが、光が空気中のAから斜めにガラスとの境界面Oで入射すると、そこで屈折してA'の方向に進みます。逆にガラスの中から光が空気中に出ると、A'OAの同じ経路で進みます。同じように、光が空気中のBから境界面と平行に近い角度で進んでOに達すると、そこで屈折してガラスの中をB'の方向に進みます。逆にB'から来た光は、Oで空気中に出て境界面とほぼ並行にBへ進みます。

　次に、ガラス中のC'からの光がB'からの光よりも浅い角度で境界面のOに達したとき、その光はどの方向へ進むでしょうか？光はガラスの外へ出ることはできず、境界面Oで反射して再び

ガラスの中を C の方向へ進みます。これを「**全反射**」といいます。C から来た光も同じ経路を通って O で全反射し、C' へ向かいます。

　屈折率が高い物質（この場合はガラス）から屈折率が低い物質（この場合は空気）に出るには、一定の角度（図では直線 OB' と境界面に垂直な法線との角度）以下で境界面に入る必要があります。これより大きい角度で来た光は全反射を起こして屈折率が高い物質の外に出ることができません。この法線と直線 OB' の角度を「**臨界角**」といい、全反射を起こす限界の角度は通常この臨界角 θ_c で示されます。臨界角 θ_c は、ガラスの屈折率を n とすると、<u>$n \sin \theta_c = 1$</u> という式で計算できます。これからもわかるように、屈折率が高いほど臨界角は小さくなります。

　ガラスの場合、屈折率は 1.46 なので臨界角は 43 度になります（図 4-26 (a)）。つまり境界面に対して 47 度（90 度 − 43 度）よりも浅い角度で来た光はすべて全反射します。例えば図 4-26 (b) に示すように、ガラスの中から空気との境界面に向けて 45 度の角度で来た光は、そのまま全反射して境界面と 45 度の角度でガラスの中を進むことになり、光の進む方向を直角（90 度）

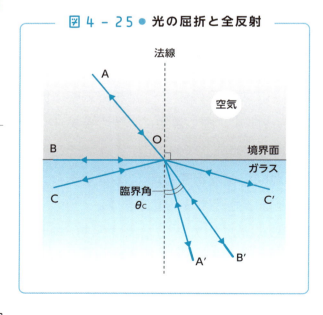

図 4 − 25 ● 光の屈折と全反射

に曲げることができます。

　直角プリズムはこの原理を利用して光の方向を変えることができます。図4-27（a）に示すように、直角プリズムの中で1回全反射を起こさせると、光の進行方向を90度変えることができます。さらに図の（b）のように、直角プリズムの中で2回全反射させると、光の進行方向を180度変えることができます。このとき面白いのは、図の矢印の向きからもわかるように、反射し

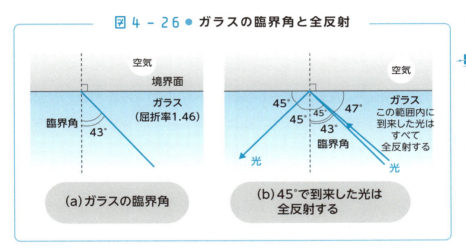

図4-26 ● ガラスの臨界角と全反射

(a) ガラスの臨界角

(b) 45°で到来した光は全反射する

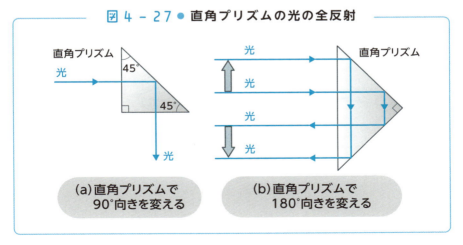

図4-27 ● 直角プリズムの光の全反射

(a) 直角プリズムで90°向きを変える

(b) 直角プリズムで180°向きを変える

てきた像の上下が反転することです。左右はそのままです。直角プリズムを縦ではなく横に置けば左右が反転します（上下はもとのままで反転しません）。

　天体望遠鏡（屈折式）や双眼鏡は、ケプラー式という対物レンズと接眼レンズに凸レンズを使った望遠鏡を使っています。ケプラー式望遠鏡は高い倍率をとることができ、視野も広いというすぐれた特長がありますが、見る像が上下左右とも反転した倒立像になってしまうのが欠点です。天体望遠鏡なら倒立像でもさほど支障はありませんが、双眼鏡では人物や景色が逆立ちをしているのは困ります。

　そこで対物レンズと接眼レンズの間に、図4-28のように直角プリズムを2個組み合わせて置き、上下と左右を反転させて倒立像を正立像に変えるようにしています。このようにすると、光が2つのプリズムの間を往復するので、対物レンズの焦点距離よりも望遠鏡の筒の長さを短くすることができ、双眼鏡は長さを短く

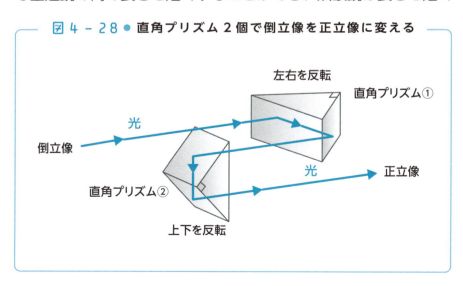

図 4 − 28 ● 直角プリズム 2 個で倒立像を正立像に変える

して正立像を見ることができるというメリットもあります。

　200ページの表4-1を見ると、ダイアモンドの屈折率は他の物質に比べて飛び抜けて大きく、2.42もあることがわかります。そのため臨界角は24.4度ときわめて小さい値になります（図4-29）。臨界角が小さいということは、ダイアモンドの中では光が全反射を起こす角度の範囲が広いということです。

　宝石のダイアモンドが美しい輝きを見せるのはこの全反射をうまく利用しているからです。全反射を最大限に利用するにはダイアモンドを最適な形にカットすることが重要で、そのために最もふさわしい形状として数学的に導き出されたのが有名なブリリアントカット（正式にはラウンド・ブリリアントカット）です。図4-30に示すように、上面から入射した光は底の面（パビリオン）を透過して外へ逃げることなく、光はすべて全反射して再び上面（テーブル、クラウン）から出るように角度を決めて研磨されています。

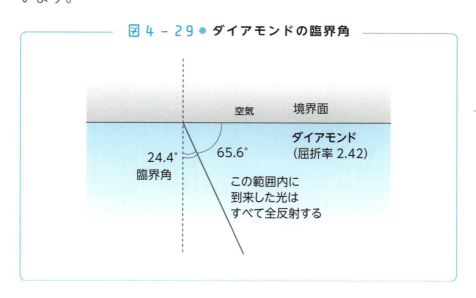

図4-29 ● ダイアモンドの臨界角

このように底のほうの面から外へ出てしまう光がないので、反射光でキラキラと明るく輝くわけです。また、プリズムと同じように白色光を色ごとに分ける（分散させる）効果があるので、さまざまな色にきらめいて見えます。
　ダイアモンド以外でも、宝石の多くは屈折率が高く、キラキラと輝いて美しく見えます。

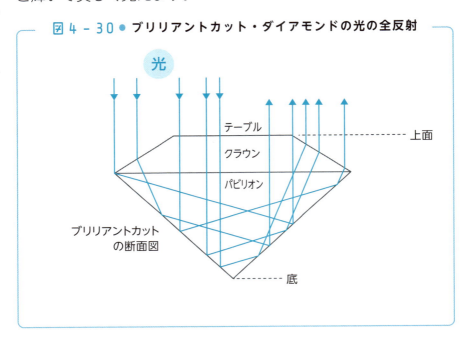

図4-30 ● ブリリアントカット・ダイアモンドの光の全反射

4-12 光ファイバーケーブルで光を送る

―― 20km進んでも光量が半分

　今日の通信ネットワークでは主に光ファイバーケーブルが使われています。多くの家庭にも光ファイバーケーブルが引き込まれ、高速インターネット接続や「光でんわ」などの名称で電話にも利用されています。この光ファイバーケーブルはそれまでの電気に代わって光を伝えるケーブルで、高品質のガラスでできています。

　光を使って音声や画像の信号を送ろうという考えは昔からありました。しかし当時は光を伝える適当なケーブルがなかったので、電波と同じように空中で送るしか方法がありませんでした。光は空気が乾燥した晴天の日なら遠くまで届きます。冬のよく晴れた日には、東京から100km先の富士山がきれいに見えます。しかし春先になって霞んでくると富士山は見えにくくなり、夏の湿度が高い日が続くと富士山が見えるのはむしろ珍しいくらいです。つまり富士山からの光が東京まではちゃんと届かないということです。激しい雨が降ると数km先の景色も見えなくなります。景色が見えないということは光がそこまで届かないということです。このような不安定な状態では空中を伝わる光を通信に利用することはできません。

ガラスでケーブルをつくって光を送れば天候の影響を受けずにすみます。しかし、ガラスは私たちが思っているほど透明度が高くありません。ふつうの窓ガラスは厚さが15cmくらいになると光量が半分になってしまいます。もっとも透明度が高いといわれる光学ガラス（レンズ用のガラス）でも、3〜4mくらいで光量が半分になります。

　通信ケーブルでは、光量が数百分の1になるくらいの長さまで使えますが、光学ガラスでも長さは30m程度にしかなりません（光量が1/2になる長さの10倍の長さにすると、光量は$(1/2)^{10}$でおよそ1000分の1になる）。これでは通信用の光ファイバーケーブルとしては不足です。

　光がガラスの中を通過するときに減衰するのは、ガラスの中に余分な不純物や欠陥があって光を吸収・散乱させるからです。このことに着目したイギリスの**カオ**と**ホッカム**の2人は、きわめて高純度の材料を使い、かつ製造法に注意すれば、1km以上も光を送ることができる光ファイバーがつくれるはずだ、という論文を発表しました（1966年）。この論文を読んだ技術者たちはびっくりしましたが、それから4年後の1970年、世界一のガラス会社であるアメリカの**コーニング**社が苦心の末に本当にそのような光ファイバーをつくってしまいました。光ファイバー通信の研究が本格化したのはそれからのことで、1970年は「光ファイバー通信元年」と呼ばれるようになりました。

　現在使われている通信用の光ファイバーそのものは、髪の毛ほどの細い石英ガラスの繊維（ファイバー）ですが、光をその中に閉じ込めて外へ漏らすことなくどこまでも伝えることができます。

これは光の全反射をうまく利用して、光がガラスの外へ漏れないようにしているからです。

図 4-31 は現在使われている光ファイバーケーブルの構造（図の (a)）と光が伝わる原理（図の (b)）を示したものです。

光ファイバーは直径 0.125mm の石英ガラスの細い線で、中心部に屈折率が高いコアと呼ばれる直径 0.01mm 以下の細いガラスがあり、その周囲を屈折率が低いクラッドと呼ばれるガラスで取り囲んだ 2 重構造になっています。こんな細いガラスの線ではすぐに折れてしまわないかと心配になりますが、傷さえなければガラス線は意外に強いものです。実際のケーブルでは光ファイバーの周囲をナイロンなどで被覆して保護してあります。

光をコアに注入すると、光はコアの中を進んでクラッドとの境界面に当たりますが、そこで図 4-31 (b) に示すように全反射

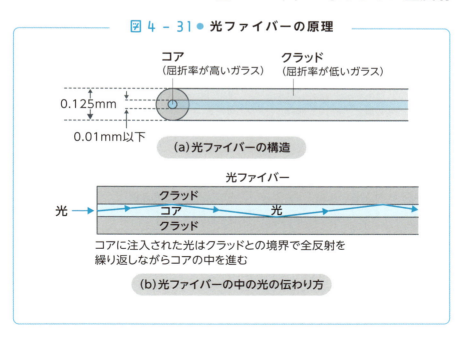

図 4 - 31 ● 光ファイバーの原理

を起こして再びコアの中へ戻り、決してクラッドの部分へ通り抜けてしまうことはありません。このようなことを繰り返しながら、光はコアの中に閉じ込められてどこまでも進むことができます。光ファイバーを多少曲げても光が漏れることはありません。

　ガラス中を通る光はできるだけ減衰せずに遠くまで伝えたい、というのが光ファイバーケーブルに求められる条件です。ガラスは透明なのはあくまでも目に見える可視光に対してで、紫外線や遠赤外線はあまり通しません。これはガラスの分子が紫外線や遠赤外線の振動数に強く反応して振動し、これらの光を吸収してしまうからです。そのため光ファイバー通信に使える光は、可視光線か近赤外線に限られます。

　その可視光線や近赤外線でも波長によって光が減衰する割合に違いがあります（図 4-32）。石英ガラスの場合、もっとも光の減衰が小さくなる波長は 1.55 μm 付近で、人間の目には見えない近赤外線の領域です。波長が 1.55 μm の光を現在の光

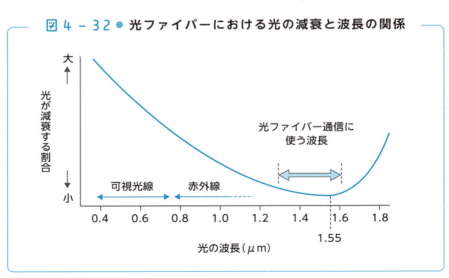

図 4-32 ● 光ファイバーにおける光の減衰と波長の関係

ファイバーに通すと、20km 進んで光量がやっと半分になるくらいです。このような光ファイバーは、原材料に高純度（純度が 99.999999％程度）のシリコン（Si）を使い、人工的に合成してつくった石英ガラスを使用しています。前に述べた光学ガラスと比べてみると、波長の違いはありますが、ガラスの純度を極限近くまで高めた結果、このように光の減衰が少ない光ファイバーが実現できたのです。

　光ファイバー通信では、光の減衰がもっとも少なくなる波長 1.55μm を中心に、1.3μm〜1.6μm の波長の光（近赤外線）を使って信号を送っています。それでも長い距離を伝送しているうちに光は減衰して弱くなりますが、その場合は中継器（光の増幅器）を入れて光の強さをもとの大きさに戻すようにします。現在使われている高純度の光ファイバーでは、この中継器を入れる間隔を 100km 以上にすることができます。銅線のケーブルを使っていた時代の中継器の間隔はたかだか数 km だったので、光ファイバーケーブルを使うことによって中継器の数が少なくてすむようになり、大幅な経済化が実現できました。

　光を使って信号を送るメリットはまだあります。光ファイバー通信に使う光を周波数に換算するとおよそ 200THz になります。これは現在通信に使っている最も高い周波数であるミリ波帯 60GHz の 3000 倍以上です。図 1-19（36 ページ）にも示したように、周波数が高いほど運べる情報量は大きくなります。光は電波よりも桁違いに周波数が高いので、光を使うことによって大量の情報を伝送することができます。これについては第 5 章の 242 ページで詳しく説明します。

4-13 空や海はなぜ青いか

—— 波長の短い青は空気分子で散乱し、海中では進む

ここで話題を変えて、空はなぜ青いかを考えてみましょう。

太陽の光は大気（空気）を通して地球上に届きます。大気は透明ですが、上空の空気の分子が太陽の光を散乱させています。空気の分子はきわめて小さく、太陽光のうち波長の長い赤・橙・黄のような光は波長が分子の大きさよりも長いのであまり散乱されずに空気分子を通り抜けますが、波長の短い紫や青の光は空気分

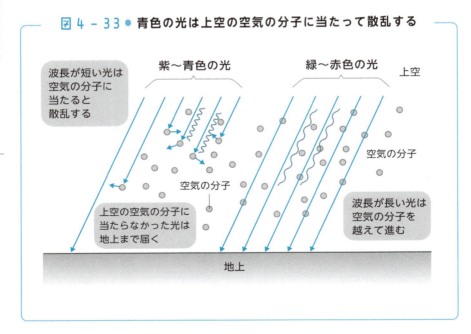

図4-33 ● 青色の光は上空の空気の分子に当たって散乱する

子に当たって散乱されやすい傾向にあります。その結果、空のどの方向を見ても散乱された紫や青の光が目に届き、空全体が青く見えるのです（図 4-33）。

もし上空に空気がなかったら、光の散乱はまったく起こらないので空は黒く（暗く）なります。宇宙船に乗って大気圏の外から空を眺めると、そこでは空気による光の散乱が起こらないので昼間でも空は黒く見えます。

ところで海の色が青いのはどうしてでしょうか？　子どものころ、無責任な大人たちから「空の青が海に映っているからだよ」などといわれたことがありましたが、それは大間違いです。海の色が青く見えるのは、散乱の効果よりも水の吸収効果によるものです。

水も空気と同様、私たちには無色透明に感じられますが、何メートルも水の中を通った光を観測すると、波長によって光が水に吸収される割合が違うことがわかります。

きれいな水に上から光を注ぐと、赤色の光は深度 10m くらいで光の強度が 1％程度に低下してしまいますが、青色の光は 200m 以上も届きます（図 4-34）。これは波長の長い赤色の光は水に吸収されてしまうからです。第 2 章の図 2-25（104 ページ）に示したように、水の分子 H_2O は、水素原子（H）2 個と酸素原子（O）1 個からできていますが、この 3 つの原子の間で振動が起こります。この振動は分子によって固有の振動数があり、水の分子の場合はちょうど赤色の光の波長と合って激しく振動し（共鳴現象）、赤色の光を吸収してしまいます。このように赤色の光は海の中ではすぐに減衰してしまうので、赤い鯛も深い海の中では灰色に見えるはずです。ところが青色の光ではこのような共

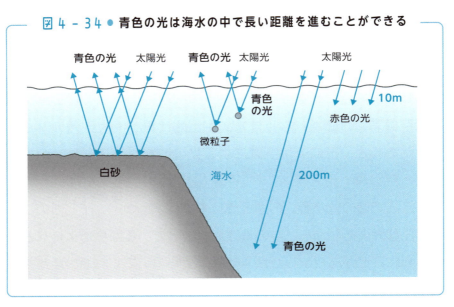

図 4-34 ● 青色の光は海水の中で長い距離を進むことができる

鳴現象が起こらないのでほとんど吸収されず、深いところまで光が届きます。

　これは蒸留水のような純粋の水の場合ですが、海水には塩（NaCl）のほかマグネシウム（Mg）やカルシウム（Ca）、カリウム（K）などさまざまな成分も多く含まれ、さらに植物プランクトンなども存在するので、海の中での光の届き方は純粋の水に比べて少し異なります。それでもきれいな海では、青色の光は赤色の光に比べて数倍ないし十数倍程度深いところまで届きます。この青い光は海水中の微粒子によって散乱され、海底の白い砂による反射もあって青い光だけが海面に戻るので海は青く見えるのです（図 4-34）。

　海の色は海域によってかなり違うことがあります。これは海底の地質や海水中の不純物の影響によるものです。日本では沖縄周辺の海が青くてきれいなのは、プランクトンなどの浮遊物質が少

なく、透明度が高い上に、海底のサンゴの白砂に反射した青い光が海面に出てくるからです。

　湖の色も基本的には同じですが、湖には塩分がないかわりに周囲の山や川からさまざまな鉱物が流れ込んでくるため、いろいろな色に見えることがあります。

　摩周湖（北海道）の深い青色は有名ですが（写真4-1　口絵参照）、摩周湖には注ぎ込む川がなく、不純物をほとんど含んでいない上に、栄養分も乏しいため生物も存在しません。そのため透明な湖水に差し込む光は、水の分子の振動によって吸収される波長の長い光を除いて、波長の短い青色や藍色の光だけが散乱して湖面に戻ってくるのです。

　氷河の割れ目や末端をよく眺めると、写真4-2（口絵参照）のように青く見えることがあります。光が淡いので直射日光を受けるとよく見えませんが、日蔭のところではきれいな青が見えます。これも海や湖が青く見えるのと同じ原理で、氷河の氷も水でできているので赤い光はすぐに吸収されてなくなり、青い光だけが氷の中で乱反射して見えるということです。

4-14 人間の目に有害な光：紫外線とブルーライト

――波長の短い光にご用心

人は太陽からの光がなければ生きていけませんが、その光の中には人体にとって有害な光も含まれています。幸いそのような光は上空の大気にさえぎられて地上までは到達しないので、私たちは安心して暮らしていけますが、それでも多少は届いています。その1つが紫外線です。紫外線は、図3-1（113ページ）からもわかるように、可視光線よりも波長の短い光です。波長の短い電磁波（光も電磁波の1種です）ほどエネルギーが大きいので、紫外線に長時間さらされると人体に悪影響が出ます。

紫外線の波長は10nm〜380nmと範囲が広いので、波長が長い315nm〜380nmをUV-A（UV：Ultra Violet）、その次の280nm〜315nmをUV-B、280nm以下をUV-Cと分類しています。UV-Aは地表に届く全紫外線の約95%を占め、UV-Bは約5%です。UV-Cは地球の大気を通過できず、ほとんど地表には届きません。

UV-Aは、エネルギーは紫外線の中では低いものの、照射量が多く浸透力が高いので肌に与える影響が大きく、シミ、シワ、たるみといった肌の老化現象の原因となります。UA-Bは表皮に届

き、UV-A よりも強いエネルギーをもっているため屋外での日焼けの主な原因になります。

　これらの光が目に及ぼす影響はより深刻です。図 4-35 に示すように、UV-A と UV-B は目に入ると角膜や水晶体で吸収されることによってダメージを与え、角膜変性症や白内障の原因になります。UV-A は網膜にもわずかながら届きます。紫外線以外でも、可視光線のうちのとくに波長が短い青色光「**ブルーライト**」（波長が 380nm 〜 490nm 付近の光）も有害だということがわかってきました。角膜や水晶体で吸収されずに網膜まで届いて、加齢黄斑変性という病気の発症の危険性を高めるとされています。

　また最近の研究で、人間の目の網膜には「**サーカディアンリズム**」をコントロールする役割を果たしている細胞があることが発見されました。「サーカディアンリズム」とは、朝に身体が目覚め、夜になると眠くなる周期のことです。この細胞は、460nm とい

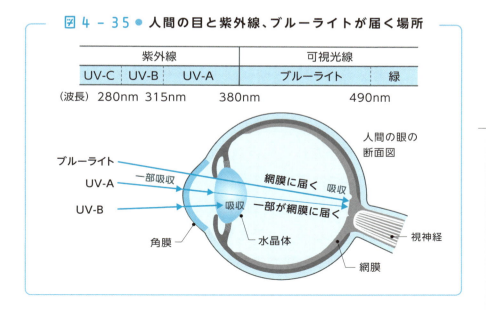

図 4 − 35 ● 人間の目と紫外線、ブルーライトが届く場所

う強いエネルギーをもつ光にのみ反応するという特徴があり、ブルーライトがそれに該当します。ブルーライトは当然太陽光にも含まれているので、朝に太陽光を浴びることはサーカディアンリズムを整える効果があります。海外出張の際の時差ボケ解消には、ゴルフをやって太陽光を浴びるのが効果的だといわれるのはそのためです。

　このブルーライトは太陽光だけでなく、パソコンやスマートフォンなどの画面の光にも含まれています。これらの画面は液晶でできていて、背面から白色LED（234ページ参照）の光で照射するものが多く、白色LEDの光にはブルーライトが多く含まれています。そのため夜間にパソコンやスマートフォンを長時間見続けると、サーカディアンリズムが狂って眼精疲労だけでなく睡眠障害を起こす可能性があるので、なるべく避けたほうがいいでしょう。

　パソコンやスマートフォンを長く見続けていると夜眠れなくなったというとき、頭を使ったからだと思うかもしれませんが、ブルーライトによってサーカディアンリズムが狂った可能性があります。このようにブルーライトは目や身体に大きな負担をかけることがあるので、厚生労働省のガイドラインでも、「1時間ディスプレイ機器を使った作業を行なった際は、15分程度の休憩をとる」ことが推奨されています。

　紫外線は「UVカット」の眼鏡を使えば防げます。屋外ではひさしのある帽子をかぶることでも紫外線を防いでくれます。またブルーライトを減らす効果がある眼鏡もあります。これらを有効に使うことが目を護る上で効果的です。

4-14 人間の目に有害な光：紫外線とブルーライト

第5章

これからはフォトニクスの時代

5-1 フォトニクスとは

―― エレクトロニクスに加わるフォトン制御技術

20世紀は「エレクトロニクス（Electronics）」の時代だといわれています。エレクトロニクス（電子工学）とは、エレクトロン（electron：電子）の動きを制御していろいろな機能・性能を実現しようとするものです。これに対して「フォトニクス（Photonics）」とは、フォトン（photon：光子）を制御の対象とする技術です。

エレクトロニクスの源流は20世紀初めに発明された真空管で、内部の電子の流れを制御することよって微弱な電気信号を増幅したり、周波数を変換したりすることができるようになり、電信・電話に代表される通信やラジオ・テレビの放送が発達しました。さらに第2次世界大戦後の1948年に発明された半導体トランジスタによって、コンピュータや各種デジタル機器が実現できるようになり、エレクトロニクス全盛時代を迎えました。トランジスタは半導体の中の電子の流れを制御するもので、真空管と違って小型で低消費電力、長寿命（なかなか壊れない）という優れた性質を備えているため、今日では真空管に代わってトランジスタが使われ、しかも微細な集積回路（ICやLSIなど）へと発展して今日の情報化社会を支える基盤となっています。

フォトニクスは、20世紀に入った1900年代初頭に、**プランク**（118ページ参照）や**アインシュタイン**（177ページ参照）による光の粒子性に着目したフォトンの仮説・実証に端を発したものです。1960年代になってレーザーが発明されると急速に光の科学技術分野が発展し、その分野が「フォトニクス」と呼ばれるようになりました。そのフォトニクスの技術が実用化の時代になり、21世紀はフォトニクスの時代になるといわれています。つまり20世紀が「電子の時代」だったのに対して、21世紀は「光の時代」になると期待されているのです。

　このようなエレクトロニクスからフォトニクスへの技術的な発展は、図5-1に示すような流れになっています。

　ここで誤解されないように申し添えておくと、図からもわかるように、フォトニクスの時代になっても決してエレクトロニクスはなくならないことです。エレクトロニクスはそのまま発展を続け、これに新たにフォトニクスが加わって新しい世界が開くということです。

　本章では光のテクノロジーに焦点を当てて、光がどのように使われていくかを見ていくことにします。

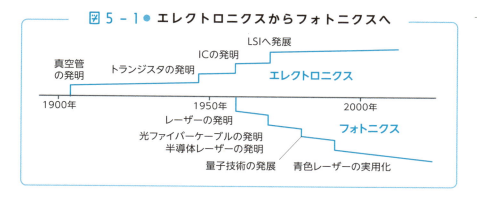

図5-1 ● エレクトロニクスからフォトニクスへ

5-2 レーザーが出す光

── 光通信に使われるコヒーレント光

　フォトニクス時代のきっかけとなったのは1960年ごろに発明された**レーザー**です。

　レーザーとはレーザー光という"きれいな"光を発生させるデバイスです。電灯や蛍光灯、最近のLED電球など、通常の光源から放射される光は、進行方向、波長、波の山や谷の位置（位相）がバラバラです。これに対してレーザー光は、進行方向、波長、波の山や谷の位置が揃った光で、単一波長の純粋な光です。このような光を「**コヒーレント光**」といいます。これまでにも単一波長の光、いわゆる単色光を出すことはできましたが、図5-2（a）のように位相が揃っていません。これに対してコヒーレント光は

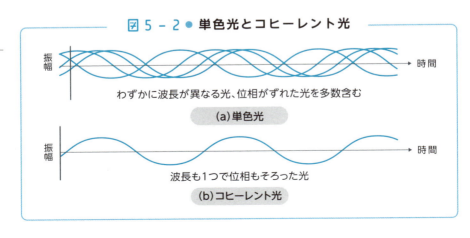

図 5-2 ● 単色光とコヒーレント光

同図（b）のように波長だけでなく位相も1つに揃った光です。

　このようなレーザー光はこれまでの光と違った多くの優れた性質があります。

　レーザー光は鋭いビームに絞って遠方に効率よく送れます。一般に光は直進するといっても回折という現象があるため、少しずつ広がる性質があります。レーザー光も回折による広がりの影響を受けますが、その広がりの影響をギリギリまで絞ることができます。つまり鋭い光のビームをつくることができます。さらに、レーザー光は波長が1つだけの光なので、レンズで非常に小さな1点に光を集めることができます（色収差がない）。つまり大きな光のエネルギーを1点に集めることができるのです。

　このように大きなエネルギーを1点に集められる性質を利用して、レーザー光は鉄板などの金属を切断したり溶接したりするのに使われています。ダイアモンドでさえレーザー光で孔をあけることができます。

　また、光の波を電波の波と同じように"波"として使うことができるのも大きな特長です。これまでの光は、波であってもその波の固まりとしてしか利用していませんでした。ところがレーザー光はコヒーレント光なので、波の位相の違いを区別して利用するといった使い方ができるようになります。

　このようなレーザー光は、原子の中で電子が励起状態から基底状態の軌道に戻るときに光を放出するという現象を利用したものです（159ページの「コラム」参照）。

　このレーザーの原理を図5-3に示します。図は初期のころによく使われたヘリウムネオンレーザーを例にとって示したもので、

ヘリウムとネオンの混合ガスを封入した放電管の両端に反射鏡をおいた構造です。鏡がないとただの放電管と変わりませんが、鏡をおくことによって光を放電管の中に閉じ込めることができ、かつコヒーレント光を放出させる鍵になっています。

この状態で放電管に高電圧を加えると、内部の原子は励起状態になります。レーザーではこの励起状態の原子の数を基底状態の原子の数より多くなるようにしておきます。このとき、ある1つの励起状態にある原子が基底状態に戻るときに光を放出すると、隣の励起状態の原子を刺激して同じ波長・位相の光を放出させます。これがさらに他の原子を刺激して連鎖反応的に同じ波長・位相の光を放出させ、強い光となって同じ方向に進みます。これを「誘導放出」といいます。この光が両端の鏡で反射して放電管の中に閉じ込められ、さらに強い光になります。そこで片方の鏡をハーフミラーにして光の一部を外部に取り出したのがレーザー光です。

この誘導放出の理論はアインシュタインが1916年に発表したもので、アインシュタインは光電効果（176ページ参照）や相対性理論だけでなく、レーザーの基礎原理まで考え出していたことになります。

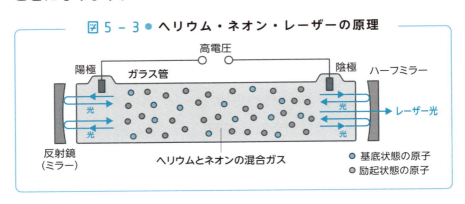

図5-3 ● ヘリウム・ネオン・レーザーの原理

5-3 半導体レーザー

―― 1秒間数百億回の光パルス

　レーザーに使われる物質はいろいろあり、CO_2（炭酸ガス）や前節の図5-3に示したHe（ヘリウム）とNe（ネオン）の混合ガスなどを使う「気体レーザー」、ルビーやYAG（イットリウム、アルミニウム、ガーネットの化合物）などを使う「固体レーザー」、半導体の単結晶を使う「半導体レーザー」などが利用されています。これらは光の波長や出力パワーなどに応じて使い分けられますが、フォトニクスでの主役は半導体レーザーです。

　半導体レーザーは、図5-4（a）に示すような構造をしていて（図は1例です）、1mm足らずのきわめて小さいものです。半導体には電気的な性質の違いによってP型半導体とN型半導体があり、この2つの半導体を、発光層（または活性層）と呼ぶきわめて薄い半導体の層ではさんだ構造です（同図（b））。このP型とN型の半導体を接合した素子を「ダイオード」と呼ぶので、半導体レーザーは「レーザーダイオード」（LD：Laser Diode）と呼ばれます。

　このレーザーダイオードに電圧を加えると発光層から光が放出されます。そこで発光層の両端に反射膜をつけておくと、発生した光は発光層の中を往復して誘導放出が起こり、波長と位相の

揃った強い光となります。反射膜をハーフミラーにすれば光の一部を外部に取り出すことができ、これがレーザー光となります。

　これまでレーザー光は波長がたった1つの単色光と説明してきましたが、実際にはこのままでは図5-4（b）の右側に示したように、ある波長を中心にいくつかの波長の光がわずかながら放出

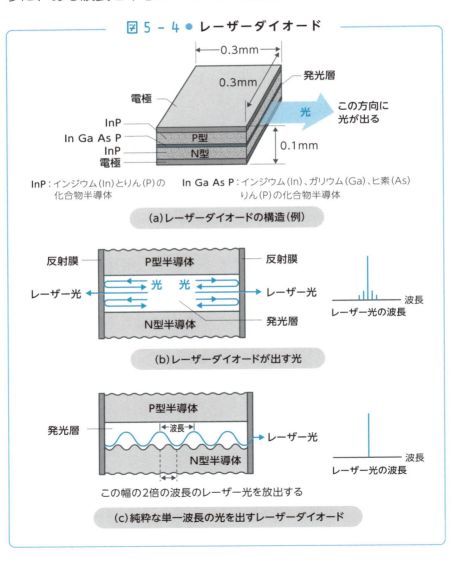

図5-4 ● レーザーダイオード

(a) レーザーダイオードの構造（例）

InP：インジウム（In）とりん（P）の化合物半導体
In Ga As P：インジウム（In）、ガリウム（Ga）、ヒ素（As）りん（P）の化合物半導体

(b) レーザーダイオードが出す光

(c) 純粋な単一波長の光を出すレーザーダイオード

されます。通常の用途にはこれで差し支えないのですが、光ファイバーケーブルを使った長距離光伝送などではこのわずかな複数の波長の光がじゃまになります。そこで純粋にたった1つの波長の光を発生させるには、レーザーダイオードを図5-4（c）のような特殊な構造にします。すなわち、N型半導体と発光層の境界を図のように波型にしているところがポイントです。

　このようにすると、発光層で生じた光は波の山の部分に当たって跳ね返りますが、山と山の幅の2倍の波長をもつ光は進んできた光と跳ね返ってきた光が重なり合って強め合います。それ以外の波長の光は進んできた光と跳ね返ってきた光のタイミングが少しずつずれるので打ち消し合います。その結果、波の山の幅の2倍の波長の光だけがレーザー光となって放出されます。

　このレーザーダイオードに電圧を加えると図5-5（a）のようにレーザー光を放出しますが、電圧をON、OFFすればそれに

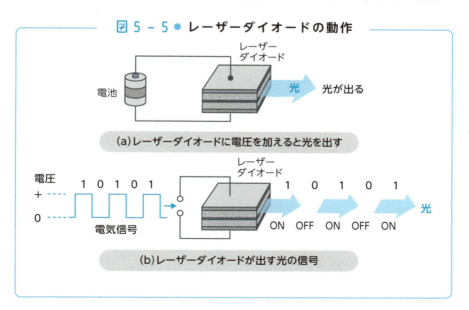

図5-5 ● レーザーダイオードの動作

応じてレーザー光も ON、OFF し、同図（b）のように光パルスを発生させることができます。レーザーダイオードの特長はこの光の ON、OFF をきわめて高速で行なうことができることで、1 秒間に数百億回も ON、OFF できます。これは他の光源ではできないことで、この特長を利用して後で述べる光通信が実現できるようになりました。

　半導体レーザーが出す光の波長は主に使用する半導体の種類によって決まります。図 5-4 ではインジウム（In）とりん（P）の化合物半導体（InP）の結晶が使われていますが、これ以外にも、アルミニウム（Al）・ガリウム（Ga）・ヒ素（As）やアルミニウム（Al）・ガリウム（Ga）・インジウム（In）・りん（P）といった組み合わせの化合物半導体が使われています。これらは赤色〜緑色の光を出すレーザーです。

　2014 年に 3 人の日本人学者（<u>赤崎、天野、中村</u>の 3 氏）がノーベル物理学賞を受賞して話題となったのは、<u>**青色の光を出すのに必要なガリウム（Ga）と窒素（N）の化合物半導体（GaN）結晶の実用化に初めて成功**</u>したからです。これで赤色から青色まですべての色を発光する半導体レーザーが揃ったことになります。

　半導体レーザーはいろいろな用途に使われていますが、目的ごとに最適な波長の半導体レーザーが使われます。

　レーザーポインタは赤色と緑色がよく使われていますが、とくに波長を厳密に決める必要はなく、製造しやすさ・低価格に重点をおいて赤や緑の光を出す半導体が選ばれます。これに対してCD や DVD、BD（ブルーレイディスク）の読み出しに使われる半導体レーザーは、図 5-6 に示すように波長が決められています。

これらの目的には波長の短い光が望ましいのですが、初期の CD や DVD の頃は製造しやすさから赤色のレーザーが使われてきました。その後、上に述べたように青色レーザーが発明されて、これを使った BD が登場しました。

通信では、光ファイバーケーブルを使った光伝送にレーザー光が使われますが、これには 214 ページの図 4-32 に示したように波長の長い赤外線領域の光が使われます。この波長も図 5-6 に示しておきます。とくに長距離伝送を行なう場合は、光ファイバーケーブル内での光の減衰がもっとも小さくなる 1.48～1.56 μm の波長で、図 5-4（c）に示した構造のレーザーダイオードを使います。

光ファイバーケーブルで光の信号を伝送するには、レーザー光のようにたった 1 つの波長の光であることが重要で、たくさんの波長が混ざった光では波長ごとのガラスの屈折率の違いから送られてきた光信号が広がってしまい、正確な信号の伝送ができなくなってしまいます。その意味で、レーザーがなければ光ファイバー伝送は実現できなかったといえます。

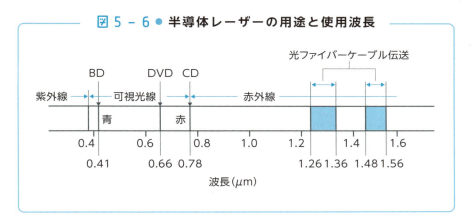

図 5-6 ● 半導体レーザーの用途と使用波長

5-4 21世紀の照明はLED

── 青色LED発明で広がった用途

　半導体レーザーとよく似たデバイスに **LED（Light Emitting Diode：発光ダイオード）** があります。LEDも同じ半導体を使って光を出しますが、レーザーダイオードと違ってLEDには図5-4（b）のような反射膜がなく、発光層内を光が往復して誘導放出が起こるということがありません。発光層で生じた光はそのまま外部に放出されます。そのため、LEDが出す光の波長（スペクトル）には図5-7のようにかなりの幅があります。また、レーザーのように鋭いビームとはならず、ある程度の幅をもって広がります。

　LEDは半導体レーザーに比べると構造が簡単なので安くつく

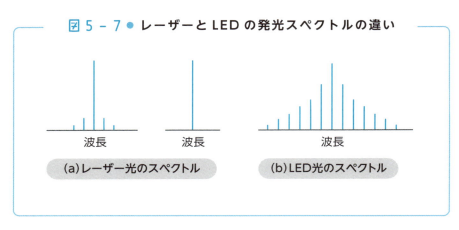

図5-7 ● レーザーとLEDの発光スペクトルの違い

(a) レーザー光のスペクトル　　(b) LED光のスペクトル

れます。このLEDが発明されたのは半導体レーザーよりも早く、1960年代ですが、前節で述べたように1990年代になって青色LED（半導体レーザーもLEDと同じ半導体を使う）が発明されるまでは、赤色〜橙色（〜緑色）のLEDが使われてきました。

　青色LEDが実用化されると、それまでの赤色、緑色とあわせて3原色のLEDが揃ったことになり、LEDで白色光を出すことができるようになりました。

　白色光を出すLED電灯は、図5-8（a）のように3原色のLEDを並べれば実現できますが、現在つくられているLED電灯のほとんどは、同図（b）のように青色LEDに黄色蛍光体を組み合わせた構造になっています。黄色は青色の補色なので、青色と黄色の光を混ぜれば白色光になります。ただし、このようにしてつくられた白色光は人間の目には白色に見えますが、太陽光のような連続スペクトルをもつ白色光とはスペクトルが違うことに注意

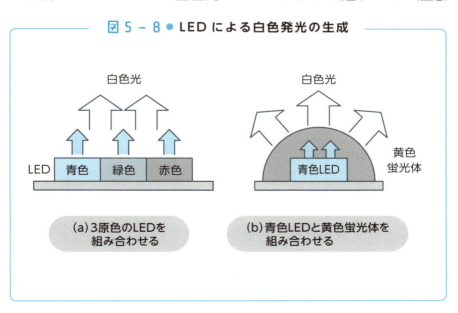

図5-8 ● LEDによる白色発光の生成

する必要があります。

　LEDの特徴は、まず省エネであること、そして長寿命（白熱電球や蛍光灯のように球が切れることがない）であることでしょう。LED電球はこれまでの白熱電球のように熱が介在することがなく、電気から直接光に変換するので発光効率が高く、10W（ワット）のLED電球で60Wの白熱電球相当の明るさが得られます。それでも現在のLED電球は、投入した電力のうち白色に変換される効率が50～60％程度であり、これをいかに100％に近づけるかが今後の課題といえます。

　LEDは消費電力が少なく、球が切れる心配がないという特徴を利用して広い用途に使われています。

　照明用としては白色LEDが主に使われ、白熱電球に代わって一般の照明用ランプに使われるほか、自動車のランプ（ヘッドライトのほか赤色のブレーキランプ、テールランプ）、さらには自動車や航空機の計器用ランプなどに使われています。また、パソコンやテレビ、携帯電話などの液晶ディスプレイのバックライトして使われています。

　表示用には青色LEDが発明される以前から駅や電車内の電光掲示板などに使われていましたが、青色LEDが実用になると交通信号機がLEDに置き換えられました。

　これらは可視光LEDですが、目に見えない光を出す赤外線LEDや紫外線LEDもあります。

　赤外線LEDはガス検出に使われます。波長1.6～4.6μmの赤外線領域にはCO_2、CO、CH_4、H_2Oなどのガスの吸収帯があり、対象とするガスの検出・濃度測定に利用できます。また静

脈指紋認証に使われます。近赤外線を指に照射するとヘモグロビンが近赤外光を吸収し、その部分が黒く模様をつくるので、透過光を赤外線カメラで撮影した静脈パターンの画像を処理し、静脈指紋データとしてデータベース化するというものです。それ以外でもごく短距離の赤外線通信に利用されています。

　紫外線 LED は紙幣の真贋識別に使うことができます。紫外線（波長 0.375 μm）を識別対象となる紙幣に照射し、反射光から UV（紫外線）インクが使われている場所を測定して本物の紙幣と照合して真贋を判定するものです。

　その他でも、植物育成、捕虫器、漁業、殺菌、光触媒など広い分野で LED が利用されています。

5-5 CD、DVD、BD

――― 青色レーザーがDVDの5倍の記録密度を可能にした

CDやDVD、BD（ブルーレイディスク）にも鋭い光のビームを出すレーザーが必須です。

これらは直径12cm（8cmのものもある）のプラスチック製のディスクに記録されたデジタル情報をレーザー光で読み出すものです。どれも基本的な原理は同じなので、CDの構造を例にとって説明することにします。

CDは直径12cm、厚さ1.2mmの透明なプラスチックの円盤上に、アルミニウム薄膜の反射層を蒸着した構造です。このアルミニウム薄膜の上に、図5-9に示すようなピットと呼ぶ突起がつくられています。このピットが"1"、"0"で表わされるデジタル情報のビットを記録する重要な役割を果たします。ピットの幅は0.5μmで、長さは0.83μmから3.56μmまで9種類あり、これで"1"、"0"のビット列（デジタル信号）を表わします。ピットの列をトラックといい、トラックとトラックの間隔は1.6μmになっています。トラックは円盤上を内側から外側に向かって渦巻状につくられています。

このピットで記録された情報を読み出すには、図5-9の断面図に示すように、透明なプラスチック基板側からレーザー光（波

長 0.78μm）を照射し、アルミニウム薄膜で反射した光を読み取ります。レーザー光はもともと鋭いビームになってレーザーダイオードから放出されますが、これをさらにレンズで絞って焦点のところにアルミニウムの反射膜がくるようにします。

　ふつうの光だと 204 ページで示したように色収差があるため焦点がぼやけてしまいますが、レーザー光は波長が 1 つの単色光なので、ピットのサイズ程度まできわめて小さいスポットに光を絞り込むことができます。このとき円盤上のピット列が一定の速

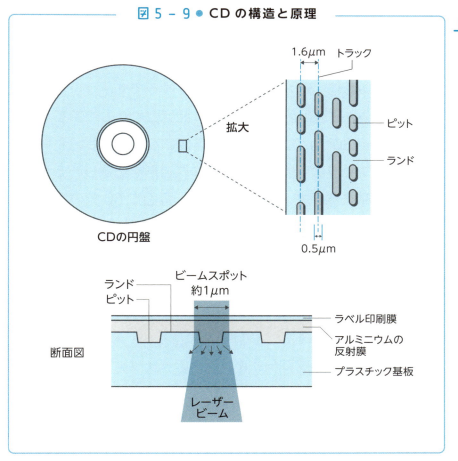

図 5 - 9 ● CD の構造と原理

度で進むように円盤を回転させれば、ピットの長さとピットとピットの間隔からデジタル情報の"1"、"0"を読み取ることができます。

　それにはピットで反射した光と、ピットがない部分（ランドという）で反射した光を区別できなければなりません。ピットがないランドの部分に当たったレーザー光はそのまま反射して戻ってきますが、小さなピットに当たったレーザー光は散乱してしまいます。またピットからの反射波とランドからの反射波との位相差が180度になるようにピットの高さをつくっておくと、ピットからの反射波はランドからの反射波と干渉して打ち消されてしまい、暗くなります。この反射光の強度の違い（明暗）からデジタル信号を読み取ることができるというしくみです。

　CDは音楽を長時間記録するために開発されたものですが、それ以前は直径30cmのLPレコードを使っていました。LPレコードはプラスチックの円盤に音のアナログ波形を記録し、それを電気的に読み取る方式で、片面で30分、両面で60分の音楽を記録できます。それに対してCDは直径わずか12cmの円盤片面に60分以上の音楽を記録できます。これはCDではデジタル技術を用い、波長の短い光を使って読み取る方式だからです。それも単一波長の鋭い光のビームを出せるレーザーがあればこそできることです。

　このCDは日本のソニーとオランダのフィリップスが共同で開発したもので最初は記録時間を60分としていたものを、ソニーの大賀副社長（当時）の「ベートーベンの交響曲第9番」1曲分が記録できること、という決断で74分にしたものです。これ

に伴い、ディスクのサイズも当初の直径 11.5cm（カセットテープの対角線の長さ）から 12cm へと変更され、これが今日の標準サイズになっています。

　DVD も CD と同じ構造ですが、ピットのサイズをもっと小さくし、トラック間隔を狭くして同じサイズの円盤により高密度の記録ができる（たくさんのピットを配列できる）ようにしたものです。この DVD はハリウッドの映画業界が、CD と同じサイズで映画を再生できるメディアをつくって欲しい、と要望したのに応えてつくったものだといわれています。

　記録密度をさらに高くしたのが BD です。CD や DVD が赤色のレーザー光（波長は CD が 0.78 μm、DVD が 0.66 μm）を使っていたのに対し、BD は "ブルーレイ" の名が示す通り青色のレーザー光（波長 0.41 μm）を使うものです。波長が短いので、ピットのサイズをさらに小さくでき、トラック間隔も小さくできます。またレーザー光のスポットも高性能のレンズで DVD の場合の半分以下にすることができ、記録密度を DVD の約 5 倍にまで高くすることができました。

　すでにお気づきのことと思いますが、BD には青色レーザーが必要です。CD ができたのが 1980 年代前半、DVD が 1990 年代後半ですが、BD は青色レーザーダイオードが発明された後の 2000 年代半ばになって登場しました。

5-6 光を使った通信

── ますます進む大容量・超高速化

　これまでの電気・電波に代わって、光を使うことによって大きな飛躍を遂げたものに通信があります。今日では光を使ったネットワークで世界を結ぶようになっています。

　それではなぜ光を使うのでしょうか。それは本書の最初のほうで説明した図1-19（36ページ）を見るとよくわかります。電波の周波数が高いほど伝えることができる情報量が大きくなりますが、光は現在通信に利用している電波よりも1000倍以上も高い周波数の電磁波です。したがってそれだけ大量の情報を伝えることができることになります。

　その光を通信に利用できるようになったのは、レーザーと光ファイバーケーブル（211ページ参照）が実用になってからです。とくに光ファイバーケーブルが登場した1970年代には小型で扱いやすい半導体レーザーも使えるようになり、光ファイバー伝送の実用化が一気に進みました。

　光ファイバー伝送は、図5-10（a）に示すように、デジタル信号（"1"と"0"）をレーザーダイオードが出す光のON、OFF（光のパルス）に対応させて光ファイバーケーブルの中を伝送するものです。受け側では、送られてきた光のパルスを受光素子で電気

のパルスに戻します。この光の ON か OFF かがデジタル信号の1 ビットに対応します。ON、OFF の繰り返しを速くすればそれだけ高速伝送（1 秒間に送るビット数が多い）ができます。

それまでの銅線のケーブルあるいはマイクロ波無線を使った方式では最大 400M ビット／秒伝送が限度でしたが、光ファイバー伝送では 1G ビット／秒以上、数十 G ビット／秒もの超高速伝送が可能です。これは電気を使った通信ではとても実現できなかった伝送速度で、それだけ大量の情報を短時間で送れるということです。

図 5-10（a）を見ると、1 本の光ファイバーケーブルを使って 1 つのレーザーダイオードが出す光を送っています。ところが、

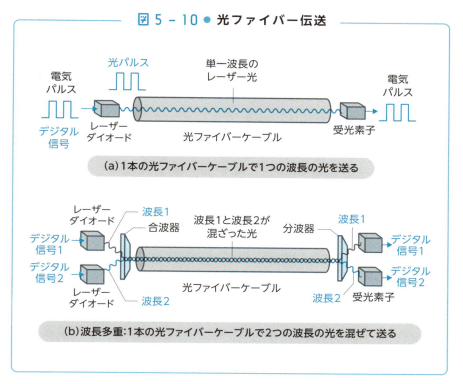

図 5-10 ● 光ファイバー伝送

(a) 1本の光ファイバーケーブルで1つの波長の光を送る

(b) 波長多重：1本の光ファイバーケーブルで2つの波長の光を混ぜて送る

レーザー光はたった1つの波長の光なので、別の波長の光を出すレーザーダイオードからの光を同じ光ファイバーケーブルに混ぜて送り、受け側で光の回折格子のようなデバイス（分波器）で波長ごとに分けて取り出せば、1本の光ファイバーケーブルで2倍の伝送速度を実現できることになります（図5-10（b））。これを「**波長多重**」といいます。波長の数を3つにすれば、全体の伝送速度は3倍になります。このようにして波長の数を増やしていけば、1本の光ファイバーケーブルで送れる伝送速度は波長の数だけ高くなります。

　例えば、1つの波長の光で40Gビット／秒伝送を行ない、これを40個の波長を用いて1本の光ファイバーケーブルで送れば、全体で40Gビット／秒×40波長＝1.6Tビット／秒という超高速・超大容量の伝送ができます。このように波長多重を使うことによって光ファイバー伝送の伝送速度は一気に増大しました。

　最近では、1つの波長でより高速伝送ができる**デジタルコヒーレント伝送**が注目されています。これまでの光ファイバー伝送では、デジタル信号の"1"、"0"を光のON、OFF、すなわち光の振幅の大小で表わすだけでした。ところがレーザー光は位相が揃ったコヒーレントな波です。そこで光の振幅だけでなく、位相もデジタル信号の"1"、"0"に対応して変えてやれば、振幅の変化とあわせて1度により多くのビット数を送ることができ、それだけ高速伝送ができます。この方法は電波でデジタル信号を送るときに用いられている手法で、これをコヒーレントな光に適用したものです。これがデジタルコヒーレント伝送で、1つの波長だけで100Gビット／秒以上の高速伝送ができます。

このデジタルコヒーレント伝送と波長多重とを組み合わせれば、1本の光ファイバーケーブルでさらに超高速伝送ができることになります。

　このようにして光ファイバー伝送は年々高速化が進んでいます（図5-11）。

　今日では、日米間を結ぶ海底ケーブルはすべて光ファイバーケーブルに置き換えられ、大量の情報を安く伝送できるようになりました。国内でも基幹回線はほとんどが光ファイバーケーブルになっています。国際電話や長距離市外電話の料金が安くなり、インターネットでは世界中と同じ料金（プロバイダに払う固定料金）で情報をやりとりできるようになったのも、光ファイバー伝送が全面的に導入されたからです。海外からのテレビ映像も光ファイバーケーブルを利用することが多くなっています。

　現在の情報社会はまさに光ファイバーケーブルのネットワークが支えているといえます。

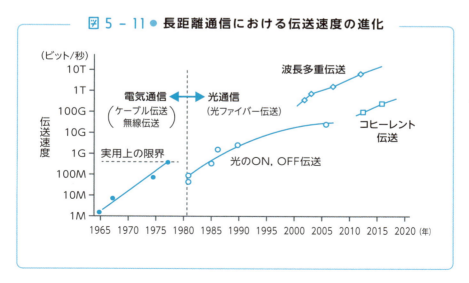

図5-11 ● 長距離通信における伝送速度の進化

5-7 光を使う「量子コンピュータ」

――「量子重ね合わせ状態」とは？

　現在のコンピュータはパソコンからスーパーコンピュータに至るまで、半導体素子を用いて電気信号で"1"、"0"を表わすことによって演算処理を行なっています。しかし、この方法で情報処理能力を向上させていくには限界があります。

　そこで考えられているのが、物質の量子力学的な性質を利用したコンピュータです。「量子」とは、原子や電子、光子（フォトン）のような従来の古典力学では説明がつかない振る舞いをする粒子のことです。このような量子の振る舞いを利用して、従来の方法の延長では実現できない超超高速演算を行なえるようにするのが「量子コンピュータ」です。

　この量子コンピュータはこれまでのコンピュータとはまったく異なる原理で動くものです。量子コンピュータが実現すれば、従来のコンピュータでは何万年もかかる、ある種の計算を瞬時に行なうことができるといわれています。その原理は、簡単にいうと次のように考えるものです。

　現在のコンピュータ（デジタルコンピュータ）は、値が"1"か"0"かという「ビット」をベースにして演算処理を行なっています。これは古典力学で説明できる手法です。ところが量子力学で

は、1つの光子に"1"、"0"ばかりでなく、"1"、"0"を重ね合わせた状態（「<u>量子重ね合わせ状態</u>」という）をつくることができるとされています。この重ね合わせができる状態を「<u>量子ビット</u>」と名付け、将来の量子コンピュータ（光子を使うので「光コンピュータ」と呼ぶこともできる）はこの「量子の重ね合わせ状態」すなわち「量子ビット」をベースに演算処理を行なうものです。

この「量子の重ね合わせ状態」を光の粒子である光子について考えてみましょう。

165ページの図4-1に示したヤングの光干渉実験を思い出してください。狭い間隔で平行に並んだ2本の細いスリットに光を通すと、背後のスクリーンに明線と暗線が交互に並んだ干渉縞ができることを説明しました。これは光を波と考えた場合の干渉による縞で、光が波であることを示す証拠となっています。

これを光が粒子だと考えた場合はどうなるでしょうか。2つのスリットに光子を1つずつ通し、スクリーン上のどこに到達したかを検出して記録します。すると到達点は、はじめはランダムに現われるように見えますが、何回も繰り返すと到達点の集合は図5-12のようになり、図4-1と同じような縞模様になります。ここで大切なことは、光子を1個だけ送った場合でも干渉縞の強度の弱いところ（暗線）には到達せず、逆に強度の強いところ（明線）には到達しやすいということです。

これは私たちから見ると不思議なことです。明線と暗線が現われる場所は、図4-1にも示したようにスリットの間隔とスリットとスクリーンの距離で決まります。すると、光子はこの距離を知っている！ということになります。1つの光子は2つのスリッ

トのどちらか一方しか通れないはずです。そうすると光子は隣にスリットがあることも、スリットからの距離の情報も得られないはずです。ところが干渉縞ができるということは、光子はこれらの情報を知っているということ、つまり1個の光子はスリットを通過する際に、「自分が通過するスリットの状態」と「もう1つのスリットを通過する状態」を同時にとっている、ということを意味します。このように複数の状態を同時にとっている状態が「量子重ね合わせ状態」です。これが量子特有の振る舞いなのです。

この「重ね合わせ状態」はしばしば「シュレーディンガーの猫」という例え話で説明されます。図 5-13 のように箱の中の猫の様子は外からはわかりません。「生きている状態 "1"」なのか「死んでいる状態 "0"」なのかははっきりせず（確率はそれぞれ 1/2 ずつとします）、箱を開けてみてはじめて「生きている "1"」か「死

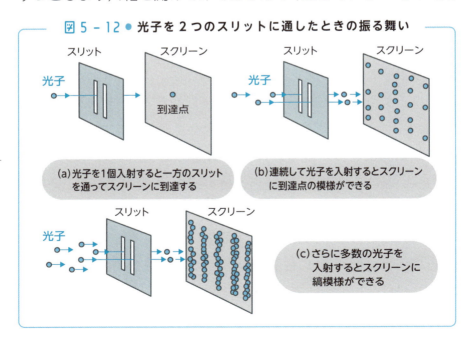

図 5 - 12 ● 光子を 2 つのスリットに通したときの振る舞い

(a) 光子を1個入射すると一方のスリットを通ってスクリーンに到達する

(b) 連続して光子を入射するとスクリーンに到達点の模様ができる

(c) さらに多数の光子を入射するとスクリーンに縞模様ができる

んでいるか"0"」かがわかります。この箱の中の猫がまさに生死（"1"と"0"）が「重なり合った状態」です。このように開けるまで"1"か"0"かわからない猫はあいまいな状態ですが、"1"と"0"を兼ねることができる便利な状態ともいえます。

　量子コンピュータは量子の「重ね合わせ状態」を利用して計算を行なうものです。現在のデジタルコンピュータは、2つの状態"1"か"0"の値（ビット）を基本単位として計算を行なっていますが、量子コンピュータは"1"と"0"の重ね合わせ状態をとることができる「量子ビット」を計算の基本単位にします。すると2個の量子ビットで"00"、"01"、"10"、"11"の4つの状態の重ね合

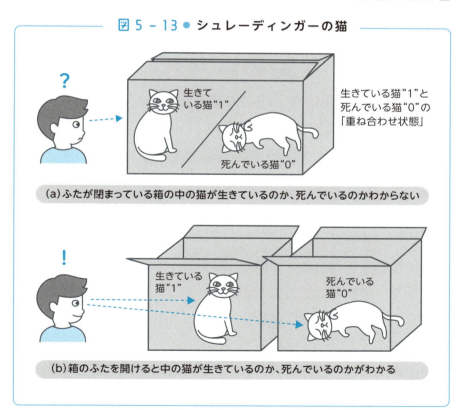

図 5-13 ● シュレーディンガーの猫

(a) ふたが閉まっている箱の中の猫が生きているのか、死んでいるのかわからない

(b) 箱のふたを開けると中の猫が生きているのか、死んでいるのかがわかる

わせ状態をとることができます。従来のコンピュータでは、この"00"、"01"、"10"、"11"の4つのデータを4回に分けて入力し、別々に計算する必要がありますが、量子ビットを使う量子コンピュータならこれらを同時に入力し、同時に計算することができます。このような並列処理ができるので、量子コンピュータでは従来のコンピュータを大幅に上回る超高速演算が行なえるとされています。

このような原理で動作する量子コンピュータにも得手、不得手があり、今後は量子ビットの計算や答えの確定の仕方などについてのアルゴリズムの開発が進められるものと考えられます。目下のところ、量子コンピュータが得意とされているのは暗号の分野での活用です。現在もっとも安全だと信じられている暗号は、スーパーコンピュータを使っても解読するまでに膨大な時間がかかるので安全だということですが、量子コンピュータを使えば短時間で解読できてしまいます。そこで量子コンピュータを使っても安全な暗号の開発が進められています。

本格的な量子コンピュータの実現はまだこれからです。量子ビットの実現には個々の光子などの「量子重ね合わせ状態」を自在に制御する必要がありますが、個々の量子の状態を自在に制御する研究は半導体技術やレーザー技術の進展によって1980年ごろから発達しました。光は通常、非常に操作しにくいという問題点がありますが、とくに90年代からは個々の光子などの量子状態を制御する技術が飛躍的に進展しました。このような技術（「**量子技術**」という）は量子コンピュータに限らず、さまざまな分野に応用することができ、さらに新しい発見につながるものと期待されています。

ぶつりの窓

アインシュタインが存在を予言した「重力波」

　重力波は宇宙の空間がゆがむときに起こる波です。重い星やブラックホールが動いたり合体したりするとまわりの空間が伸び縮みし、そのゆがみが波のように伝わる現象で、今から100年以上も前の1916年にアインシュタインが一般相対性理論でその存在を予言したものです。ところがこの重力波はきわめて微弱で、これまで捉えるのがきわめて難しいとされてきました。アインシュタインも重力波を観測するのは無理だと考えていたようです。

　その重力波を2015年秋にアメリカの**観測装置LIGO**が初めて観測したと発表して話題になりました。LIGOが観測したのは、13億光年先で2つのブラックホールが合体したときに生じた重力波が地球に届いたものだということが後の解析でわかりました。

　微弱な重力波を観測するにはレーザー光の干渉を利用します。図5-Aに示すように、直角に交差する2つのパイプの中央に置いた光源からレーザー光線を両方向に送り、両端に置いた鏡で反射させて戻ってきた光を検出器で観測します。パイプの長さは3〜4kmという長大なもので、内部はレーザー光のじゃまにならないように真空にしておきます。重力波による空間のゆがみ（伸び縮み）は方向によって異なるため、重力波がくると2方向の光の通る距離にずれが生じ、反射してもどってきた2つの光の波の間にずれができます。そこで2つの波を重ね合わせて光の干渉によってこのずれを検出できれば、それが重力波の存在の証拠になります。

　何やら第4章の「4-9　光の速度は一定で不変である」（193ページ）で説明したマイケルソン・モーリーが行なった光の速

度の測定原理に似ていますが、重力波のほうが光の波のずれがはるかに小さいので検出は困難をきわめます。検出すべきゆがみ（ずれ）の大きさは、LIGOで使用したパイプの長さ4kmに対して陽子の大きさ（およそ1兆分の1mm）の1000分の1程度とされています。このようなわずかなずれを検出するためには、地面の揺れなどがなく、温度・湿度も安定した地下に巨大な精密観測設備を設置するのが有利です。日本では、ニュートリノを初めて観測して小柴昌俊博士がノーベル物理学賞を授賞（2002年）したことで有名になった岐阜県の神岡鉱山の地下に「**KAGRA（カグラ）**」を建設し、重力波を観測しようとしています。

　光の干渉による検出もこのようなわずかなずれでは測定精度の限界（**標準量子限界**）を越えています。ここでも、「5-7　光

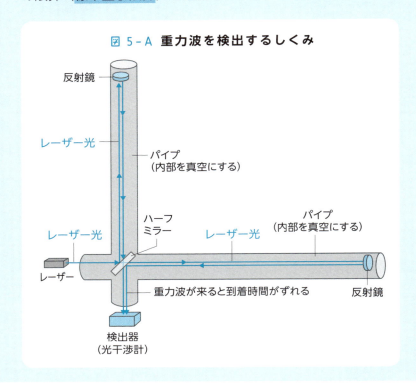

図 5-A **重力波を検出するしくみ**

を使う「量子コンピュータ」」(246ページ)の節で説明した個々の光の量子状態を制御することで、この限界を突破することが可能となりました。

　重力波を観測すれば、光や電波を使う望遠鏡ではわからなかった天体の新たな姿を見ることができるようになります。ブラックホールや中性子星などがその例です。巨大な星が一生を終えると超新星爆発が起こり、その中心にブラックホールが誕生します。ガスに包まれて光はすべて遮断されますが、重力波はすべての物質を通り抜けるので観測できます。これまでよくわからなかったブラックホールの様子を重力波で調べれば、新しい理論につながる可能性もあります。さらに重力波の観測で138億年前とされる宇宙誕生の姿に迫ることができると期待されています。

　これからは**重力波天文学**が始まります。しかし課題も多くあります。重力波がやってきた方向を知るには、3カ所以上の施設で同時に観測する必要がありますが、観測所の建設や運営費も巨額になります。そのため国際協力が欠かせません。国際的な観測体制づくりや観測予算の確保といった課題をクリアする必要があります。

さくいん

あ行

アインシュタイン……………………177
青色LED………………………………235
青色レーザー………………………233,241
アルファ線……………………………129
暗線……………………………………166,247
アンペール……………………………84
アンペールの法則……………………85,90
位相……………………………………16
色収差…………………………………204
宇宙背景放射…………………………139,142
エーテル………………………………194,198
エルステッド…………………………81
エレクトロニクス……………………224
炎色反応………………………………152
遠赤外線………………………………113

か行

回折……………………………………24
回折格子………………………………168
回折波…………………………………25
殻………………………………………160
干渉……………………………………27,30
干渉縞…………………………………166,197,247
ガンマ線………………………………107,112,129
気象レーダー…………………………59
輝線スペクトル………………………149
基地局…………………………………52
基底状態………………………………145,160
吸収スペクトル………………………153,158
近赤外線………………………………113
屈折率…………………………………27,199
原子・分子のスペクトル線…………134
光子……………………………………177
高速通信………………………………46
高速伝送………………………………46
光速度不変の原理……………………198
広帯域通信……………………………52
光電効果………………………………176
黒体……………………………………116
黒体放射………………………………116
極超短波………………………………37
コヒーレント光………………………226
コンプトン……………………………178
コンプトン効果………………………179

さ行

サイン波………………………………13
サーカディアンリズム………………221
サブミリ波……………………………36,134,142
磁界……………………………………76
紫外線…………………………………107,112
周波数帯域幅…………………………21,45
周波数変調……………………………49
重力波…………………………………251
シュレディンガーの猫………………248
磁力線…………………………………77
シンクロトロン放射…………………134
振幅変調………………………………48
垂直偏波………………………………94
水平偏波………………………………94
スネルの法則…………………………199
スペクトル……………………………116
スペクトル線…………………………135
スペクトル分析………………………152,158
星間物質………………………………137
赤外線…………………………………112
絶対温度………………………………119
線スペクトル…………………………149
全反射…………………………………205
速度の加法定理………………………193,198

た行

帯域幅…………………………………45
大気の窓………………………………140
第２の地球……………………………156
ダイポール……………………………102
太陽風…………………………………144
短波……………………………………37
中波……………………………………37
超短波…………………………………37
超長波…………………………………35
長波……………………………………35
直接波…………………………………32
デジタルコヒーレント伝送…………244
電界……………………………………76
電気力線………………………………80
電子殻…………………………………160
電子顕微鏡……………………………183
電子線回折……………………………181
電子波…………………………………180
電磁誘導の法則………………………86,89,90
電波天文学……………………………38,132
電波の窓………………………………140
電波望遠鏡……………………………133
電離層…………………………………37,40
透磁率…………………………………89
ドップラー効果………………………60,154
ド・ブロイ……………………………180

な行

- 波と粒子の二重性 …………… 178,182
- 熱的放射 ………………………… 134
- 熱放射 …………………………… 116

は行

- 白色LED ………………………… 222
- 白色光 …………………………… 123
- 波源 ……………………………… 23
- 波長多重 ………………………… 244
- 発光ダイオード ………………… 234
- ハビタブルゾーン ……………… 156
- 波面 ……………………………… 23
- パラボラアンテナ ……………… 66,68
- 反射波 …………………………… 32
- 半導体レーザー ………………… 229
- 半波長ダイポールアンテナ …… 63
- 光の「分散」…………………… 204
- 光の窓 …………………………… 140
- 光ファイバーケーブル ……… 211,233
- 光ファイバー通信 ……………… 215
- 光ファイバー伝送 ……………… 233
- ビッグバン ……………………… 138
- ピット …………………………… 238
- 非熱的放射 ……………………… 135
- ファラデー ……………………… 85
- フェーズドアレイアンテナ …… 68,73
- フォトニクス ………………… 224,229
- フォトン …………………… 177,224
- フラウンホーファー線 ………… 153
- プラチナバンド ………………… 55
- ブラッグの法則 ………………… 175
- ブラックホール ………………… 138
- プランク ………………………… 118
- プランク定数 …………………… 119
- プランクの公式 ………………… 118
- ブルーライト …………………… 221
- ブルーレイディスク …………… 238
- フレミング左手の法則 ………… 109
- フレミング右手の法則 ………… 109
- ブロードバンド通信 …………… 46
- ブロードバンド伝送 …………… 46
- ベータ線 ………………………… 129
- ヘルツ …………………………… 10
- ヘルツの実験 …………………… 11
- 変位電流 ………………………… 90
- 偏光 ……………………………… 97
- 変調 ……………………………… 47
- ホイヘンスの原理 ……………… 23

ま行

- マイクロ波 ……………………… 38
- マイケルソン・モーリーの実験 …… 198
- マクスウェル …………………… 12
- マクスウェルの方程式 ………… 88,92
- マルコーニ ……………………… 39
- 右ねじの法則 …………………… 82
- ミリ波 …………………………… 38
- 明線 ……………………… 166,247

や行

- 八木・宇田アンテナ …………… 64,68
- ヤングの実験 …………………… 168
- ヤング …………………………… 164
- 誘電率 …………………………… 89
- 誘導放出 ……………………… 228,234

ら行

- ラウエ …………………………… 172
- ラウエの斑点 …………………… 172
- 量子重ね合わせ状態 …………… 247
- 量子コンピュータ ……………… 246
- 量子ビット …………………… 247,249
- 臨界角 …………………………… 206
- 励起状態 ……………………… 145,161
- レーザー ……………………… 192,226
- レーザー光 ……………………… 226
- レーザーダイオード …………… 229
- レーダー ………………………… 57
- 連続スペクトル ………………… 149
- レントゲン ……………………… 126

数字・欧文

- 1/4波長アンテナ ………………… 63
- AM ………………………………… 48
- AM放送 …………………………… 22
- BD …………………………… 232,238
- CD …………………………… 46,232,238
- DVD ………………………… 232,238
- FM ………………………………… 49
- FM放送 …………………………… 22
- LED ……………………… 108,226,234
- UHF ……………………………… 37
- UHF帯 …………………………… 37
- VHF ……………………………… 37
- VHF帯 …………………………… 37
- X線 …………………… 107,112,126
- X線天文学 ……………………… 142

:::著者略歴:::
井上 伸雄 （いのうえ・のぶお）

1936年福岡市生まれ。1959年名古屋大学工学部電気工学科卒業。同年日本電信電話公社（現NTT）入社。電気通信研究所にてデジタル伝送、デジタルネットワークの研究開発に従事。1989年多摩大学教授。現在、同大学名誉教授。工学博士。

○電気通信研究所では、わが国最初のデジタル伝送方式の実用化に取り組み、それ以降、高速デジタル伝送方式やデジタルネットワークの研究開発に従事するなど、日本のデジタル通信の始まりから25年以上にわたり、一貫してデジタル通信技術の研究に取り組んできた。

○NTTを辞めた1989年ごろから、日経コミュニケーション誌（日経BP社）にネットワーク講座の連載を執筆したのをきっかけに、通信技術をやさしく解説した本を書くようになった。これまでに執筆した主な著書は、『情報通信早わかり講座』（共著、日経BP社）、『通信＆ネットワークがわかる事典』『通信のしくみ』『通信の最新常識』『図解 通信技術のすべて』（以上、日本実業出版社）、『基礎からの通信ネットワーク』（オプトロニクス社）、『「通信」のキホン』『「電波」のキホン』『カラー図解でわかる通信のしくみ』（以上、ソフトバンククリエイティブ）、『図解 スマートフォンのしくみ』（PHP研究所）、『モバイル通信のしくみと技術がわかる本』（アニモ出版）、『通読できてよくわかる電気のしくみ』『情報通信技術はどのように発達してきたのか』（ベレ出版）など多数。

○趣味は海外旅行（70回にわたり訪れた国は40ヵ国以上）と東京六大学野球観戦。昭和20年秋の早慶戦以来、ほぼ毎シーズン神宮球場に足を運ぶ、オールド・ワセダ・ファン。

「電波と光」のことが一冊でまるごとわかる

2018年6月25日　初版発行

著者	井上 伸雄（いのうえ のぶお）
編集協力	タナカダイ事務所
カバーデザイン・図版・DTP	三枝 未央

©Nobuo Inoue 2018. Printed in Japan

発行者	内田 真介
発行・発売	ベレ出版 〒162-0832　東京都新宿区岩戸町12 レベッカビル TEL.03-5225-4790　FAX.03-5225-4795 ホームページ　http://www.beret.co.jp/ 振替 00180-7-104058
印刷	モリモト印刷株式会社
製本	根本製本株式会社

落丁本・乱丁本は小社編集部あてに送りください。送料小社負担にてお取り替えします。
本書の無断複写は著作権法上での例外を除き禁じられています。購入者以外の第三者による本書のいかなる電子複製も一切認められておりません。

ISBN 978-4-86064-549-6 C0042　　　　　　　　　　編集担当　坂東一郎